国家出版基金项目
NATIONAL PUBLICATION FOUNDATION

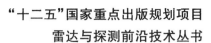
"十二五"国家重点出版规划项目
雷达与探测前沿技术丛书

机载分布式相参
射频探测系统

Airborne Distributed Coherent Radio
Frequency Detection System

李相如　周成义　匡云连　编著

国防工业出版社
·北京·

内 容 简 介

本书从系统总体的角度介绍分布式相参射频探测系统的基本概念、系统架构、工作原理,针对系统的波形设计、目标检测、天线布阵、杂波处理4个重点问题进行了详细阐述。

本书是作者从事分布式相参射频探测系统研究成果的总结,使用时需具备一定的雷达理论基础,适合于从事雷达领域的管理人员、设计人员阅读,也可作为雷达专业的高年级本科生、研究生进行有关课题研究实践时的参考书。

图书在版编目(CIP)数据

机载分布式相参射频探测系统 / 李相如,周成义,
匡云连编著. —北京 : 国防工业出版社,2017.12
(雷达与探测前沿技术丛书)
ISBN 978 - 7 - 118 - 11497 - 3

Ⅰ. ①机… Ⅱ. ①李… ②周… ③匡… Ⅲ. ①机载雷达 - 研究 Ⅳ. ①TN959.73

中国版本图书馆 CIP 数据核字(2017)第 315476 号

※

国防工业出版社出版发行

(北京市海淀区紫竹院南路 23 号 邮政编码 100048)
天津嘉恒印务有限公司印刷
新华书店经售

*

开本 710×1000 1/16 印张 10¾ 字数 162 千字
2017 年 12 月第 1 版第 1 次印刷 印数 1—3000 册 定价 46.00 元

(本书如有印装错误,我社负责调换)

国防书店:(010)88540777   发行邮购:(010)88540776
发行传真:(010)88540755   发行业务:(010)88540717

总　序

　　雷达在第二次世界大战中初露头角。战后,美国麻省理工学院辐射实验室集合各方面的专家,总结战争期间的经验,于1950年前后出版了一套雷达丛书,共28个分册,对雷达技术做了全面总结,几乎成为当时雷达设计者的必备读物。我国的雷达研制也从那时开始,经过几十年的发展,到21世纪初,我国雷达技术在很多方面已进入国际先进行列。为总结这一时期的经验,中国电子科技集团公司曾经组织老一代专家撰著了"雷达技术丛书",全面总结他们的工作经验,给雷达领域的工程技术人员留下了宝贵的知识财富。

　　电子技术的迅猛发展,促使雷达在内涵、技术和形态上快速更新,应用不断扩展。为了探索雷达领域前沿技术,我们又组织编写了本套"雷达与探测前沿技术丛书"。与以往雷达相关丛书显著不同的是,本套丛书并不完全是作者成熟的经验总结,大部分是专家根据国内外技术发展,对雷达前沿技术的探索性研究。内容主要依托雷达与探测一线专业技术人员的最新研究成果、发明专利、学术论文等,对现代雷达与探测技术的国内外进展、相关理论、工程应用等进行了广泛深入研究和总结,展示近十年来我国在雷达前沿技术方面的研制成果。本套丛书的出版力求能促进从事雷达与探测相关领域研究的科研人员及相关产品的使用人员更好地进行学术探索和创新实践。

　　本套丛书保持了每一个分册的相对独立性和完整性,重点是对前沿技术的介绍,读者可选择感兴趣的分册阅读。丛书共41个分册,内容包括频率扩展、协同探测、新技术体制、合成孔径雷达、新雷达应用、目标与环境、数字技术、微电子技术八个方面。

　　(一) 雷达频率迅速扩展是近年来表现出的明显趋势,新频段的开发、带宽的剧增使雷达的应用更加广泛。本套丛书遴选的频率扩展内容的著作共4个分册:

　　(1)《毫米波辐射无源探测技术》分册中没有讨论传统的毫米波雷达技术,而是着重介绍毫米波热辐射效应的无源成像技术。该书特别采用了平方千米阵的技术概念,这一概念在用干涉式阵列基线的测量结果来获得等效大口径阵列效果的孔径综合技术方面具有重要的意义。

（2）《太赫兹雷达》分册是一本较全面介绍太赫兹雷达的著作，主要包括太赫兹雷达系统的基本组成和技术特点、太赫兹雷达目标检测以及微动目标检测技术，同时也讨论了太赫兹雷达成像处理。

（3）《机载远程红外预警雷达系统》分册考虑到红外成像和告警是红外探测的传统应用，但是能否作为全空域远距离的搜索监视雷达，尚有诸多争议。该书主要讨论用监视雷达的概念如何解决红外极窄波束、全空域、远距离和数据率的矛盾，并介绍组成红外监视雷达的工程问题。

（4）《多脉冲激光雷达》分册从实际工程应用角度出发，较详细地阐述了多脉冲激光测距及单光子测距两种体制下的系统组成、工作原理、测距方程、激光目标信号模型、回波信号处理技术及目标探测算法等关键技术，通过对两种远程激光目标探测体制的探讨，力争让读者对基于脉冲测距的激光雷达探测有直观的认识和理解。

（二）传输带宽的急剧提高，赋予雷达协同探测新的使命。协同探测会导致雷达形态和应用发生巨大的变化，是当前雷达研究的热点。本套丛书遴选出协同探测内容的著作共 10 个分册：

（1）《雷达组网技术》分册从雷达组网使用的效能出发，重点讨论点迹融合、资源管控、预案设计、闭环控制、参数调整、建模仿真、试验评估等雷达组网新技术的工程化，是把多传感器统一为系统的开始。

（2）《多传感器分布式信号检测理论与方法》分册主要介绍检测级、位置级（点迹和航迹）、属性级、态势评估与威胁估计五个层次中的检测级融合技术，是雷达组网的基础。该书主要给出各类分布式信号检测的最优化理论和算法，介绍考虑到网络和通信质量时的联合分布式信号检测准则和方法，并研究多输入多输出雷达目标检测的若干优化问题。

（3）《分布孔径雷达》分册所描述的雷达实现了多个单元孔径的射频相参合成，获得等效于大孔径天线雷达的探测性能。该书在概述分布孔径雷达基本原理的基础上，分别从系统设计、波形设计与处理、合成参数估计与控制、稀疏孔径布阵与测角、时频相同步等方面做了较为系统和全面的论述。

（4）《MIMO 雷达》分册所介绍的雷达相对于相控阵雷达，可以同时获得波形分集和空域分集，有更加灵活的信号形式，单元间距不受 $\lambda/2$ 的限制，间距拉开后，可组成各类分布式雷达。该书比较系统地描述多输入多输出（MIMO）雷达。详细分析了波形设计、积累补偿、目标检测、参数估计等关键技术。

(5)《MIMO 雷达参数估计技术》分册更加侧重讨论各类 MIMO 雷达的算法。从 MIMO 雷达的基本知识出发,介绍均匀线阵,非圆信号,快速估计,相干目标,分布式目标,基于高阶累计量的、基于张量的、基于阵列误差的、特殊阵列结构的 MIMO 雷达目标参数估计的算法。

(6)《机载分布式相参射频探测系统》分册介绍的是 MIMO 技术的一种工程应用。该书针对分布式孔径采用正交信号接收相参的体制,分析和描述系统处理架构及性能、运动目标回波信号建模技术,并更加深入地分析和描述实现分布式相参雷达杂波抑制、能量积累、布阵等关键技术的解决方法。

(7)《机会阵雷达》分册介绍的是分布式雷达体制在移动平台上的典型应用。机会阵雷达强调根据平台的外形,天线单元共形随遇而布。该书详尽地描述系统设计、天线波束形成方法和算法、传输同步与单元定位等关键技术,分析了美国海军提出的用于弹道导弹防御和反隐身的机会阵雷达的工程应用问题。

(8)《无源探测定位技术》分册探讨的技术是基于现代雷达对抗的需求应运而生,并在实战应用需求越来越大的背景下快速拓展。随着知识层面上认知能力的提升以及技术层面上带宽和传输能力的增加,无源侦察已从单一的测向技术逐步转向多维定位。该书通过充分利用时间、空间、频移、相移等多维度信息,寻求无源定位的解,对雷达向无源发展有着重要的参考价值。

(9)《多波束凝视雷达》分册介绍的是通过多波束技术提高雷达发射信号能量利用效率以及在空、时、频域中减小处理损失,提高雷达探测性能;同时,运用相位中心凝视方法改进杂波中目标检测概率。分册还涉及短基线雷达如何利用多阵面提高发射信号能量利用效率的方法;针对长基线,阐述了多站雷达发射信号可形成凝视探测网格,提高雷达发射信号能量的使用效率;而合成孔径雷达(SAR)系统应用多波束凝视可降低发射功率,缓解宽幅成像与高分辨之间的矛盾。

(10)《外辐射源雷达》分册重点讨论以电视和广播信号为辐射源的无源雷达。详细描述调频广播模拟电视和各种数字电视的信号,减弱直达波的对消和滤波的技术;同时介绍了利用 GPS(全球定位系统)卫星信号和 GSM/CDMA(两种手机制式)移动电话作为辐射源的探测方法。各种外辐射源雷达,要得到定位参数和形成所需的空域,必须多站协同。

(三)以新技术为牵引,产生出新的雷达系统概念,这对雷达的发展具有里程碑的意义。本套丛书遴选了涉及新技术体制雷达内容的 6 个分册:

（1）《宽带雷达》分册介绍的雷达打破了经典雷达 5MHz 带宽的极限，同时雷达分辨力的提高带来了高识别率和低杂波的优点。该书详尽地讨论宽带信号的设计、产生和检测方法。特别是对极窄脉冲检测进行有益的探索，为雷达的进一步发展提供了良好的开端。

（2）《数字阵列雷达》分册介绍的雷达是用数字处理的方法来控制空间波束，并能形成同时多波束，比用移相器灵活多变，已得到了广泛应用。该书全面系统地描述数字阵列雷达的系统和各分系统的组成。对总体设计、波束校准和补偿、收/发模块、信号处理等关键技术都进行了详细描述，是一本工程性较强的著作。

（3）《雷达数字波束形成技术》分册更加深入地描述数字阵列雷达中的波束形成技术，给出数字波束形成的理论基础、方法和实现技术。对灵巧干扰抑制、非均匀杂波抑制、波束保形等进行了深入的讨论，是一本理论性较强的专著。

（4）《电磁矢量传感器阵列信号处理》分册讨论在同一空间位置具有三个磁场和三个电场分量的电磁矢量传感器，比传统只用一个分量的标量阵列处理能获得更多的信息，六分量可完备地表征电磁波的极化特性。该书从几何代数、张量等数学基础到阵列分析、综合、参数估计、波束形成、布阵和校正等问题进行详细讨论，为进一步应用奠定了基础。

（5）《认知雷达导论》分册介绍的雷达可根据环境、目标和任务的感知，选择最优化的参数和处理方法。它使得雷达数据处理及反馈从粗犷到精细，彰显了新体制雷达的智能化。

（6）《量子雷达》分册的作者团队搜集了大量的国外资料，经探索和研究，介绍从基本理论到传输、散射、检测、发射、接收的完整内容。量子雷达探测具有极高的灵敏度，更高的信息维度，在反隐身和抗干扰方面优势明显。经典和非经典的量子雷达，很可能走在各种量子技术应用的前列。

（四）合成孔径雷达（SAR）技术发展较快，已有大量的著作。本套丛书遴选了有一定特点和前景的 5 个分册：

（1）《数字阵列合成孔径雷达》分册系统阐述数字阵列技术在 SAR 中的应用，由于数字阵列天线具有灵活性并能在空间产生同时多波束，雷达采集的同一组回波数据，可处理出不同模式的成像结果，比常规 SAR 具备更多的新能力。该书着重研究基于数字阵列 SAR 的高分辨力宽测绘带 SAR 成像、极化层析 SAR 三维成像和前视 SAR 成像技术三种新能力。

（2）《双基合成孔径雷达》分册介绍的雷达配置灵活，具有隐蔽性好、抗干扰能力强、能够实现前视成像等优点，是 SAR 技术的热点之一。该书较为系统地描述了双基 SAR 理论方法、回波模型、成像算法、运动补偿、同步技术、试验验证等诸多方面,形成了实现技术和试验验证的研究成果。

(3)《三维合成孔径雷达》分册描述曲线合成孔径雷达、层析合成孔径雷达和线阵合成孔径雷达等三维成像技术。重点讨论各种三维成像处理算法,包括距离多普勒、变尺度、后向投影成像、线阵成像、自聚焦成像等算法。最后介绍三维 MIMO-SAR 系统。

(4)《雷达图像解译技术》分册介绍的技术是指从大量的 SAR 图像中提取与挖掘有用的目标信息,实现图像的自动解译。该书描述高分辨 SAR 和极化 SAR 的成像机理及相应的相干斑抑制、噪声抑制、地物分割与分类等技术,并介绍舰船、飞机等目标的 SAR 图像检测方法。

(5)《极化合成孔径雷达图像解译技术》分册对极化合成孔径雷达图像统计建模和参数估计方法及其在目标检测中的应用进行了深入研究。该书研究内容为统计建模和参数估计及其国防科技应用三大部分。

(五) 雷达的应用也在扩展和变化,不同的领域对雷达有不同的要求,本套丛书在雷达前沿应用方面遴选了 6 个分册:

(1)《天基预警雷达》分册介绍的雷达不同于星载 SAR,它主要观测陆海空天中的各种运动目标,获取这些目标的位置信息和运动趋势,是难度更大、更为复杂的天基雷达。该书介绍天基预警雷达的星星、星空、MIMO、卫星编队等双/多基地体制。重点描述了轨道覆盖、杂波与目标特性、系统设计、天线设计、接收处理、信号处理技术。

(2)《战略预警雷达信号处理新技术》分册系统地阐述相关信号处理技术的理论和算法,并有仿真和试验数据验证。主要包括反导和飞机目标的分类识别、低截获波形、高速高机动和低速慢机动小目标检测、检测识别一体化、机动目标成像、反投影成像、分布式和多波段雷达的联合检测等新技术。

(3)《空间目标监视和测量雷达技术》分册论述雷达探测空间轨道目标的特色技术。首先涉及空间编目批量目标监视探测技术,包括空间目标监视相控阵雷达技术及空间目标监视伪码连续波雷达信号处理技术。其次涉及空间目标精密测量、增程信号处理和成像技术,包括空间目标雷达精密测量技术、中高轨目标雷达探测技术、空间目标雷达成像技术等。

(4)《平流层预警探测飞艇》分册讲述在海拔约 20km 的平流层,由于相对风速低、风向稳定,从而适合大型飞艇的长期驻空,定点飞行,并进行空中预警探测,可对半径 500km 区域内的地面目标进行长时间凝视观察。该书主要介绍预警飞艇的空间环境、总体设计、空气动力、飞行载荷、载荷强度、动力推进、能源与配电以及飞艇雷达等技术,特别介绍了几种飞艇结构载荷一体化的形式。

(5)《现代气象雷达》分册分析了非均匀大气对电磁波的折射、散射、吸收和衰减等气象雷达的基础,重点介绍了常规天气雷达、多普勒天气雷达、双偏振全相参多普勒天气雷达、高空气象探测雷达、风廓线雷达等现代气象雷达,同时还介绍了气象雷达新技术、相控阵天气雷达、双/多基地天气雷达、声波雷达、中频探测雷达、毫米波测云雷达、激光测风雷达。

(6)《空管监视技术》分册阐述了一次雷达、二次雷达、应答机编码分配、S 模式、多雷达监视的原理。重点讨论广播式自动相关监视(ADS-B)数据链技术、飞机通信寻址报告系统(ACARS)、多点定位技术(MLAT)、先进场面监视设备(A-SMGCS)、空管多源协同监视技术、低空空域监视技术、空管技术。介绍空管监视技术的发展趋势和民航大国的前瞻性规划。

(六)目标和环境特性,是雷达设计的基础。该方向的研究对雷达匹配目标和环境的智能设计有重要的参考价值。本套丛书对此专题遴选了 4 个分册:

(1)《雷达目标散射特性测量与处理新技术》分册全面介绍有关雷达散射截面积(RCS)测量的各个方面,包括 RCS 的基本概念、测试场地与雷达、低散射目标支架、目标 RCS 定标、背景提取与抵消、高分辨力 RCS 诊断成像与图像理解、极化测量与校准、RCS 数据的处理等技术,对其他微波测量也具有参考价值。

(2)《雷达地海杂波测量与建模》分册首先介绍国内外地海面环境的分类和特征,给出地海杂波的基本理论,然后介绍测量、定标和建库的方法。该书用较大的篇幅,重点阐述地海杂波特性与建模。杂波是雷达的重要环境,随着地形、地貌、海况、风力等条件而不同。雷达的杂波抑制,正根据实时的变化,从粗犷走向精细的匹配,该书是现代雷达设计师的重要参考文献。

(3)《雷达目标识别理论》分册是一本理论性较强的专著。以特征、规律及知识的识别认知为指引,奠定该书的知识体系。首先介绍雷达目标识别的物理与数学基础,较为详细地阐述雷达目标特征提取与分类识别、知识辅助的雷达目标识别、基于压缩感知的目标识别等技术。

(4)《雷达目标识别原理与实验技术》分册是一本工程性较强的专著。该书主要针对目标特征提取与分类识别的模式,从工程上阐述了目标识别的方法。重点讨论特征提取技术、空中目标识别技术、地面目标识别技术、舰船目标识别及弹道导弹识别技术。

（七）数字技术的发展,使雷达的设计和评估更加方便,该技术涉及雷达系统设计和使用等。本套丛书遴选了3个分册:

（1）《雷达系统建模与仿真》分册所介绍的是现代雷达设计不可缺少的工具和方法。随着雷达的复杂度增加,用数字仿真的方法来检验设计的效果,可收到事半功倍的效果。该书首先介绍最基本的随机数的产生、统计实验、抽样技术等与雷达仿真有关的基本概念和方法,然后给出雷达目标与杂波模型、雷达系统仿真模型和仿真对系统的性能评价。

（2）《雷达标校技术》分册所介绍的内容是实现雷达精度指标的基础。该书重点介绍常规标校、微光电视角度标校、球载 BD/GPS（BD 为北斗导航简称）标校、射电星角度标校、基于民航机的雷达精度标校、卫星标校、三角交会标校、雷达自动化标校等技术。

（3）《雷达电子战系统建模与仿真》分册以工程实践为取材背景,介绍雷达电子战系统建模的主要方法、仿真模型设计、仿真系统设计和典型仿真应用实例。该书从雷达电子战系统数学建模和仿真系统设计的实用性出发,着重论述雷达电子战系统基于信号/数据流处理的细粒度建模仿真的核心思想和技术实现途径。

（八）微电子的发展使得现代雷达的接收、发射和处理都发生了巨大的变化。本套丛书遴选出涉及微电子技术与雷达关联最紧密的3个分册:

（1）《雷达信号处理芯片技术》分册主要讲述一款自主架构的数字信号处理（DSP）器件,详细介绍该款雷达信号处理器的架构、存储器、寄存器、指令系统、I/O 资源以及相应的开发工具、硬件设计,给雷达设计师使用该处理器提供有益的参考。

（2）《雷达收发组件芯片技术》分册以雷达收发组件用芯片套片的形式,系统介绍发射芯片、接收芯片、幅相控制芯片、波速控制驱动器芯片、电源管理芯片的设计和测试技术及与之相关的平台技术、实验技术和应用技术。

（3）《宽禁带半导体高频及微波功率器件与电路》分册的背景是,宽禁带材料可使微波毫米波功率器件的功率密度比 Si 和 GaAs 等同类产品高 10 倍,可产生开关频率更高、关断电压更高的新一代电力电子器件,将对雷达产生更新换代的影响。分册首先介绍第三代半导体的应用和基本知识,然后详细介绍两大类各种器件的原理、类别特征、进展和应用:SiC器件有功率二极管、MOSFET、JFET、BJT、IBJT、GTO 等;GaN 器件有HEMT、MMIC、E 模 HEMT、N 极化 HEMT、功率开关器件与微功率变换等。最后展望固态太赫兹、金刚石等新兴材料器件。

本套丛书是国内众多相关研究领域的大专院校、科研院所专家集体智慧的结晶。具体参与单位包括中国电子科技集团公司、中国航天科工集团公司、中国电子科学研究院、南京电子技术研究所、华东电子工程研究所、北京无线电测量研究所、电子科技大学、西安电子科技大学、国防科技大学、北京理工大学、北京航空航天大学、哈尔滨工业大学、西北工业大学等近30家。在此对参与编写及审校工作的各单位专家和领导的大力支持表示衷心感谢。

2017 年 9 月

本书序

习总书记指出"加快转变战斗力生成模式,增强基于信息系统的体系作战能力",其中,信息是未来整个作战体系的关键,是新质战斗力生成的基础,也是未来交战双方争夺的焦点。雷达作为获取战场信息的重要手段在作战体系中发挥着不可或缺的作用。从1935年第一部米波雷达出现到现在,雷达经历了分布式雷达、反射面雷达到相控阵雷达,取得了极大的进步,而探测技术的进步,催生了针对雷达的干扰和隐身等对抗技术的发展,目前隐身飞机已经开始在多个国家批量装备,并且呈扩散趋势,干扰设备也不断换代升级,传统体制雷达面临新的严峻挑战。采用提高雷达发射功率和天线孔径面积的方法,已满足不了探测隐身目标和抗干扰的要求,尤其在空基、天基雷达领域,需要探索和研究新技术来提升雷达反隐身和抗干扰能力。

面对上述挑战,新的探测理论研究和技术探讨如火如荼,各种先进的技术和概念层出不穷,同时数字技术、计算机技术和网络技术的高速发展,推动了探测技术的进步。双多基地雷达、组网雷达、泛探雷达、MIMO雷达、分布式孔径雷达等分布式体制雷达因其在反隐身、抗干扰等方面的良好性能逐渐进入研究人员的视野,成为探测系统的重要研究方向,表明"分布式"可能是下一代探测系统的重要技术特征。

《机载分布式相参射频探测系统》一书的研究工作正是在此背景下开展的。机载分布式相参射频探测系统打破传统相控阵雷达布阵限制,充分利用运载平台表面进行布阵,增大天线孔径面积。同时由于发射宽波束,目标穿越雷达能量照射区时间大幅度延长,利用目标的运动特性进行凝视探测可进一步增加回波信噪比,提升雷达探测威力。机载分布式相参射频探测技术是在原相控阵雷达技术基础上的一次探索性研究,随着未来多平台空-时高精度同步技术的突破,机载分布式相参射频探测技术有望推广应用到空基多平台协同探测,将多个平台的雷达孔径再动态组合成一个更大的雷达,进一步提升空基作战体系的战场信息获取能力和抗干扰能力。此书在分布式体制射频探测系统研究方面做了有益尝试,为开展此方面的研究提供了参考。

衷心祝愿机载分布式相参射频探测技术的发展和突破为探测技术的发展带来革命性的进步。

2017 年 9 月

前　言

　　20世纪30年代,英国人设计的一种"本土链"雷达系统投入使用,在第二次世界大战期间发挥了巨大作用,引起了各国的高度重视。随着战争需求的牵引以及技术的进步,雷达技术快速发展,从雷达的天线布阵方式上看,雷达技术经历了分布式阵列(如英国"本土链"雷达)、集中式阵列、反射面(如抛物面天线)、相控阵的发展历程。当前的研究热点重又循环至分布式阵列,它不同于以往的分布式阵列——简单的分置多个发射基站与多个接收基站,而是在此基础上通过将获得的信息进行信号级融合处理,从而获取更优的检测、估计、识别等系统性能,将该系统应用至机载平台,不仅可大幅度提升探测距离,而且可充分发挥布阵灵活、低截获、抗杂波、易重构等优势,解决机载雷达系统载重有限、易截获、杂波环境复杂等现实问题。

　　本书针对分布式阵列在机载平台即机载分布式相参射频探测系统的应用进行了研究,通过总结作者从事的相关研究成果,结合信号检测理论,形成本书,主要内容包括分布式相参射频探测系统基本概念、工作原理、波形设计、目标检测、天线布阵、机载平台杂波特性6部分内容,具体如下:

　　第1章综述雷达的发展历程、分布式相参射频探测系统的基本概念;第2章系统阐述分布式相参射频探测系统的基本工作原理,并分析其性能;第3章针对分布式相参射频探测系统的波形,分析其特性;第4章分析分布式相参射频探测系统的目标运动特性及目标回波能量的积累方法;第5章分析分布式相参射频探测系统不同布阵方式下的方向图性能;第6章分析分布式相参射频探测系统在机载平台下的杂波特性及杂波抑制方法。

　　本书的研究工作是在陆军院士的指导下进行的。在本书写作过程中,陆军院士对本书提纲及主要内容提出了指导性建议。此外,北京理工大学、电子科技大学、清华大学、西安电子科技大学等合作单位为本书提供了宝贵技术资料,与作者共事的同仁对本书提供了支持和帮助。在此一并表示衷心的感谢。

　　由于作者水平有限,书中难免出现错误或不当之处,殷切期望广大读者批评指正。

作者

2017年9月

目　录

第1章　绪论 ·· 001

　　1.1　雷达发展史 ······································ 001

　　1.2　分布式相参射频探测系统 ·················· 005

第2章　系统工作原理及性能 ···················· 010

　　2.1　工作原理 ··· 010

　　2.2　系统性能 ··· 014

　　2.3　小结 ·· 020

第3章　系统信号波形 ······························· 021

　　3.1　SFDLFM 综合信号 ···························· 021

　　3.2　互模糊函数特性 ······························ 023

　　3.3　螺纹函数特性及应用 ························· 026

　　3.4　多普勒–距离–方向耦合效应及应用 ······ 030

　　3.5　旁瓣特性与抑制 ······························ 036

　　　　3.5.1　旁瓣分类 ······························· 036

　　　　3.5.2　随机初相分布对旁瓣的影响 ········ 037

　　　　3.5.3　发射频率排列对旁瓣的影响 ········ 037

　　　　3.5.4　信道间隔和子带宽度参数对旁瓣的影响 ········· 038

　　3.6　步进频信号特性 ······························ 038

　　　　3.6.1　随机相位与信号空间合成 ·········· 038

　　　　3.6.2　单接收单元匹配输出 ················ 039

　　　　3.6.3　角度–距离耦合 ······················· 040

　　　　3.6.4　二类旁瓣及影响因素 ················ 042

　　　　3.6.5　目标速度对主瓣的影响 ············· 044

　　　　3.6.6　发射频率随机排列 ··················· 045

　　3.7　小结 ·· 046

第4章　系统能量积累方法 ···················· 047

　　4.1　目标运动模型 ·································· 048

　　　　4.1.1　匀速直线运动模型 ··················· 048

　　　　4.1.2　匀加速直线运动模型 ‥‥‥‥‥‥‥‥‥‥‥‥‥ 053

　　　　4.1.3　准匀速运动与准匀加速运动模型 ‥‥‥‥‥‥‥ 056

　　4.2　凝视模式下典型类型运动目标的回波特性 ‥‥‥‥‥‥ 057

　　　　4.2.1　运动目标回波 ‥‥‥‥‥‥‥‥‥‥‥‥‥‥‥ 057

　　　　4.2.2　噪声模型 ‥‥‥‥‥‥‥‥‥‥‥‥‥‥‥‥‥ 059

　　4.3　能量积累方法 ‥‥‥‥‥‥‥‥‥‥‥‥‥‥‥‥‥‥ 060

　　　　4.3.1　相参积累方法 ‥‥‥‥‥‥‥‥‥‥‥‥‥‥‥ 060

　　　　4.3.2　非相参积累方法 ‥‥‥‥‥‥‥‥‥‥‥‥‥‥ 080

　　　　4.3.3　能量积累方法对比 ‥‥‥‥‥‥‥‥‥‥‥‥‥ 088

　　4.4　非特定类型运动目标积累技术应用 ‥‥‥‥‥‥‥‥‥ 089

　　　　4.4.1　模型参数更新方法的原理 ‥‥‥‥‥‥‥‥‥‥ 089

　　　　4.4.2　参数的获取方法 ‥‥‥‥‥‥‥‥‥‥‥‥‥‥ 090

　　　　4.4.3　仿真结果 ‥‥‥‥‥‥‥‥‥‥‥‥‥‥‥‥‥ 092

　　4.5　小结 ‥‥‥‥‥‥‥‥‥‥‥‥‥‥‥‥‥‥‥‥‥‥ 093

第5章　系统天线布阵 ‥‥‥‥‥‥‥‥‥‥‥‥‥‥‥‥‥‥ 094

　　5.1　分析方法 ‥‥‥‥‥‥‥‥‥‥‥‥‥‥‥‥‥‥‥‥ 094

　　　　5.1.1　阵元级紧凑发射、稀疏接收 ‥‥‥‥‥‥‥‥‥ 094

　　　　5.1.2　阵元级稀疏发射、紧凑接收 ‥‥‥‥‥‥‥‥‥ 103

　　　　5.1.3　子阵级稀疏发射、阵元级紧凑接收 ‥‥‥‥‥‥ 107

　　　　5.1.4　其他情况 ‥‥‥‥‥‥‥‥‥‥‥‥‥‥‥‥‥ 113

　　5.2　小结 ‥‥‥‥‥‥‥‥‥‥‥‥‥‥‥‥‥‥‥‥‥‥ 114

第6章　系统杂波分析 ‥‥‥‥‥‥‥‥‥‥‥‥‥‥‥‥‥‥ 115

　　6.1　杂波模型 ‥‥‥‥‥‥‥‥‥‥‥‥‥‥‥‥‥‥‥‥ 115

　　6.2　杂波特性及抑制方法 ‥‥‥‥‥‥‥‥‥‥‥‥‥‥‥ 117

　　　　6.2.1　杂波特性 ‥‥‥‥‥‥‥‥‥‥‥‥‥‥‥‥‥ 117

　　　　6.2.2　杂波抑制 ‥‥‥‥‥‥‥‥‥‥‥‥‥‥‥‥‥ 126

　　6.3　小结 ‥‥‥‥‥‥‥‥‥‥‥‥‥‥‥‥‥‥‥‥‥‥ 139

参考文献 ‥‥‥‥‥‥‥‥‥‥‥‥‥‥‥‥‥‥‥‥‥‥‥‥ 141

主要符号表 ‥‥‥‥‥‥‥‥‥‥‥‥‥‥‥‥‥‥‥‥‥‥‥ 143

缩略语 ‥‥‥‥‥‥‥‥‥‥‥‥‥‥‥‥‥‥‥‥‥‥‥‥‥ 144

第 **1** 章

绪论

◤ 1.1　雷达发展史

1864 年,詹姆斯·克拉克·麦克斯韦(James Clerk Maxwell)建立了电磁场理论的基本公式——麦克斯韦方程组,拉开了人类对电磁波认识和应用的序幕。1885—1888 年,海因里希·鲁道夫·赫兹(Heinrich Rudolf Hertz)的实验证明了麦克斯韦的电磁场理论,虽然他未再继续从事相关的实际应用工作,但实验中关于电磁场的测定工作为后续电磁场的应用奠定了基础。1903 年,克里斯琴·赫尔斯迈耶(Christian Hulsmeyer)发展了这一应用,研制出世界上第一部船用防撞雷达,并获得专利。这种雷达实现了无线电探测与测距,虽然功能十分有限,却是现代雷达的雏形。1935 年,英国人罗伯·文森 - 瓦特(Rober Watson - Watt)设计了一种实用雷达系统——"本土链"雷达,这个由多个分立的收发站点组成的系统(收发分布式系统)具有了经典雷达所有基本特征,英军将其部署在泰晤士河口附近,主要用于探测来袭的德军空中目标。

伴随战争的推进以及技术的进步,雷达得到了迅速发展。时至今日,雷达先后经历了分布式阵列、集中式阵列、反射面、相控阵、分布式阵列的循环发展历程(图 1.1)。"本土链"雷达发射站点与接收站点分置,分别由多个分开布置的发射站与接收站组成,具有典型的"分布式阵列"特征。后续的雷达开始由分布式向集中式阵列转变,即雷达的收发共用一个天线孔径,且天线孔径由多个天线阵列组成。典型代表是第二次世界大战末期,美国军方安装在檀香山的早期预警雷达 SCR270,该雷达发现了入侵珍珠港的日军轰炸机群。对天线高增益以及窄波束的需求,催生了反射面雷达的诞生,它将辐射的电磁波集中在空间一定角度内,从而获得更高的天线增益以及更窄的波束宽度,提高了探测距离和分辨力。美国原西屋公司的 ARSR - 4 即为一种典型的反射面雷达。第二次世界大战以后,雷达技术继续得到蓬勃发展,各种体制雷达层出不穷,尤其是20世纪60年代相控阵雷达的诞生,将人们的注意力再次吸引到"集中式阵列"。它由大量相同的集中辐射单元组成孔径,通过控制多个辐射单元的相位,产生电扫描的波束,从而克服了机械扫描天线的不足;同时天线功率孔径积得到极大增加,使得雷达能够实现远距离探测,迅速改变波束指向和工作模式可以提高数据率和探测精度,实现多功能,完成多任务。美国雷声公司的"铺路爪"雷达即是相控阵雷达的典型代表。

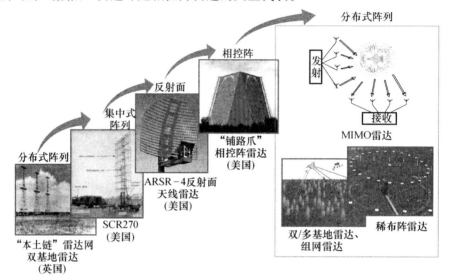

图1.1 雷达体制发展

雷达技术突飞猛进发展的同时,迫使电子对抗技术也同步发展,各国装备的电子对抗能力不断提升,战场环境日益复杂,先进的隐身飞机、低空巡航导弹、电子干扰等已经成为现代信息化战争的最大杀手。目前以常规相控阵雷达为代表的最重要的感知手段已经受到极大的挑战,相控阵雷达在功率孔径积、覆盖空域和数据率等方面的矛盾,已很难满足现代战争复杂电子对抗条件下对探测系统的要求。具体如下:

(1) 功率孔径积。雷达功率孔径积是增加威力的主要手段,但历经长期发展,地基、机载、星载等平台下雷达的功率孔径积均已很难进一步提升,简单通过提高其功率孔径积的方式进行威力提高空间已很小。

地基相控阵雷达:为达到更远的探测距离,靠增加功率孔径积增加作用距离的方式使得地基相控阵雷达体积极其庞大、灵活机动性极差;系统辐射功率高,自身隐身能力差;其生存时刻面临反辐射武器威胁,一旦被摧毁,便完全失去了对这一区域的感知能力,应用风险大。例如,美国的"铺路爪"雷达阵面直径达30m,约10层楼高,平均功率高达145kW,系统功率孔径积提升空间十分有限,且其体积庞大、辐射功率高,在作战时极易作为第一波重点打击的目标被摧毁。

机载相控阵雷达:机载平台受限于自身载重、供电以及雷达天线罩对飞机飞行的气动影响,机载平台提供的空间、功率等极其有限;相控阵雷达平台适装性差,机载相控阵雷达的功率孔径积受限,对低空、超低空隐身目标的发现能力不足,为了增大探测距离,进而提高辐射功率、增加天线孔径尺寸,将导致载荷增加、功耗增大、搭载复杂性增加、飞行气动性能降低、续航时间减小、自身隐身效果差等一系列增大系统风险的问题。以俄罗斯的 A – 50 预警机为例,其背负的天线罩直径长达 10m,供电由载机发动机提供,在此基础上天线孔径、功率提升均难以实现。

星载相控阵雷达:星载相控阵雷达目前最常用途是星载合成孔径雷达,威力并非其主要矛盾,但由于星载的载重、空间、供电、环境、可靠性要求更为严苛,其增加功率孔径积路径实现更加困难。

(2) 覆盖空域和数据率。为保证情报的实时性,需要雷达在一定时间内完成一定空域的扫描覆盖,这就决定了波位的驻留时间有限。例如,搜索雷达扫描 360° 方位需要 10s,假设雷达方位波束宽度为 1.5°,脉冲重复频率为 1kHz,则对目标的照射时间只有 42ms,脉冲回波信号不超过 42 个,参与能量积累的脉冲数量有限,限制了威力覆盖的提高,因此,搜索雷达覆盖空域和数据率存在一定矛盾。

基于上述问题,从 20 世纪末开始,雷达界开展了相控阵雷达之后下一代雷达探测技术的思考和研究,雷达探测体制又开始向分布式方向发展,逐渐出现双多基雷达、组网雷达、稀布阵雷达、单脉冲雷达等新体制雷达,雷达探测技术方面提出了分布式感知、多输入多输出(MIMO)、波形分集、宽带天线、数字射频、基于知识的自适应信号处理等先进的技术和概念,呈现出螺旋式向前发展趋势。21 世纪初 MIMO 雷达概念[1]的提出最具代表性,并逐渐成为探测领域的研究热点和重点。

著名雷达学者 M. Skolnik 在 1999 年的雷达年会上提出了"look everywhere all of the time"("泛探")的概念[2],其核心思想是,将发射信号均匀照射在一个宽的空域范围内,同时在接收端用一组窄波束覆盖这个照射空域,将所有回波能量接收回来。这样在时间、空间上就没有空隙,雷达能对照射区域内的目标同时进行探测,实现真正意义上的同时监视与跟踪。由于雷达不进行传统意义上的波束扫描,因此积累时间长度不再受波束扫描速度约束。这种泛探雷达能将监视、跟踪、武器控制等功能综合起来。雷达要实现"宽发窄收"关键是如何进行宽发,传统阵列天线理论是通过加权展宽波束主瓣的方法,这种方法最大的问题是要将主瓣展得很宽并且同时保证好的旁瓣水平,工程上很难实现。林肯实验室经过深入研究[3],引入了 MIMO 技术,提出用发射正交信号方式来实现发射信号宽角照射,在接收端用数字多波束对照射空域进行覆盖,并设计了 L 波段和 X 波段 MIMO 雷达实验系统,对 MIMO 雷达中的正交发射、数字多波束等关键技术进行了实验验证[4]。同时,林肯实验室两位研究 MIMO 通信的学者 D. W. Bliss 和 K. W. Forsythe 受到 MIMO 通信的启发[5],将通道矩阵概念引入 MIMO 雷达,提出了长基线(统计)MIMO 雷达[6]。因此,MIMO 雷达可分为短基线 MIMO 雷达和长基线 MIMO 雷达[7],如图 1.2 所示。

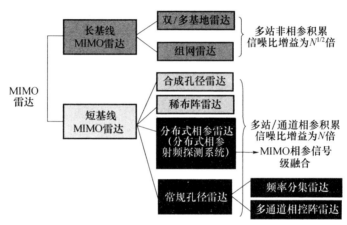

图 1.2　MIMO 雷达分类

短基线 MIMO 雷达即林肯实验室早期提出的泛探 MIMO 雷达,其收发阵列天线集中布置,发射信号相互正交,目标处于阵列远场,各阵元观测到目标相同的"侧面"(相同视角)。短基线 MIMO 雷达具有良好的抗杂波能力和参数估计能力。它又分为合成孔径雷达、稀布阵雷达和分布式相参雷达[8-10]。常规孔径雷达可以作为短基线 MIMO 雷达的一种特例,即雷达阵元间距为半个波长。常规孔径雷达包括多通道相控阵雷达和频率分集雷达[11]。

长基线 MIMO 雷达天线采用大间距布置,各天线处于不同的视角观测目标,以至于各视角下的目标雷达散射截面积(RCS)不相关,在接收端对各天线观测到的目标 RCS 进行综合,获得空间分集增益,从而有效抑制角闪烁。从空间某点观测目标的 RCS,可以将从该视角观测到的目标各散射点的反射强弱和空间分布建模成一个随机过程[12],目标 RCS 大小通常可以近似理解为这一随机过程的均值。常规相控阵雷达各个发射阵元(或子阵)在同一时刻处于同一视角,观测到的目标散射点分布的随机过程是相同的,当下一时刻来临时,如果目标变换姿态,则相控阵雷达相当于从一个新的视角再次观测目标的散射点分布。如果两次观测视角足够大,使得从两次观测到的目标散射点分布的随机过程完全不相关(随机过程参数也会改变),就会出现比较大的 RCS 起伏(随机过程均值发生了变化)[13]。这样,不同视角观测到的目标散射点分布的随机过程均值又可以组成一个新的随机过程,正是由于这个随机过程的起伏特性导致了角闪烁。但是,对同一目标这一新随机过程的均值趋于恒定,长基线 MIMO 雷达正是利用这一点来克服目标运动引起的角闪烁。长基线 MIMO 雷达天线大间距布置,各天线处于不同的视角,观测到的目标散射点分布的随机过程不相关。或者说,不同天线观测到目标的不同"侧面",在接收端对各天线观测到的目标 RCS 求和,相当于对不同随机过程均值再求均值。当天线数目较多时,任意时刻雷达都能同时观测到整个目标不同角度 RCS 的平均值,由于目标的 RCS 平均值保持不变,因此就形成了空间分集增益,从而有效抑制了角闪烁[14]。空间分集能够提高检测概率和角度估计精度[15]。需要注意的是,MIMO 技术本身不会产生空间分集,要形成空间分集增益,收发阵元间距需满足分集条件,并且分集天线的数目要比较多[16],因此雷达发射相关信号也能达到空间分集的目的。这时雷达工作在单输入多输出(SIMO)模式。在这种工作模式下存在的问题是各发射信号回波在接收端不能分离,E. Fishler 将 MIMO 引入长基线分布式雷达,目的是使回波信号在接收端能分离开。由此可知,MIMO 技术是形成空间分集的必要条件,但不是充分条件。长基线 MIMO 雷达分为双/多基地雷达和组网雷达。

MIMO 雷达可打破相控阵半个波长的布阵约束,实现灵活布阵,同时系统采用波形分集技术,增加系统处理自由度,提高系统在复杂环境下的探测、跟踪和识别性能。但是要实现探测能力的提升,必须对分布式系统进行相参处理,这是当前分布式探测系统研究的重大理论问题和发展趋势,当前天线技术、海量数据存储技术、高速数字信号处理技术、宽带通信技术的迅速发展,依托于以上技术的分布式相参射频探测系统应运而生。本书重点对分布式相参射频探测系统进行研究。

1.2　分布式相参射频探测系统

分布式相参射频探测系统主要概念包括分布式相参探测、相参信号级融合处理和正交凝视等。

分布式相参探测是指利用空间分布的多个单元协同探测指定区域,并将多个接收端获得的信息进行相参信号级融合处理,以获取更优的检测、估计、识别等系统性能。这些单元既可以是基本的辐射单元,也可以是常规的阵列天线单元,还可以是整机的射频前端。

相参信号级融合处理是指能够综合利用各个接收端获得的信号的相位和幅度信息,在信号检测前进行融合处理。这样可以使系统的信噪比(SNR)损失降至最低,获得最佳的检测性能。实现相参信号级融合,首先要求系统是相参系统,即可以对多个不同位置的射频单元发射信号的功率、频率、相位、发射时间等参数进行精确的控制,并且接收端能够提取回波信号的幅度和相位信息。此时要求目标的回波信号是相关的,如图 1.3 所示。

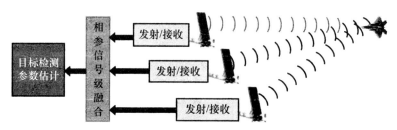

图 1.3　相参信号级融合处理示意图

正交凝视是指分布式系统的各个发射端通过发射正交信号(相关系数为 0),对覆盖空域进行探测。由于发射信号彼此正交,因此在探测空间不形成窄波束,而是形成宽泛的能量场。此时目标始终处在系统辐射的电磁场能量的包围中,对于目标的探测不必再采用波束扫描的方式,故称为正交凝视,如图 1.4 所示。

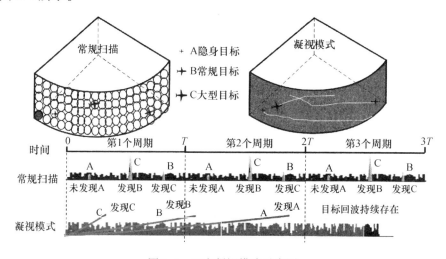

图 1.4　正交凝视模式示意图

与同等规模的相控阵系统相比,目标空域的发射信号功率相差 *N* 倍(*N*

为射频单元数量)，如图 1.5 所示。但在相同的辐射能量和覆盖空域的条件下，根据能量守恒原理，两种系统所接收的同一目标回波能量是一样的，可以获得相同的检测性能。同时正交凝视探测可以获得更多的系统处理自由度（DOF），通过时域、空域、频域、波形域多维处理，可提高系统的灵敏度、分辨力、抗干扰能力、参数估计精度等性能[19]。

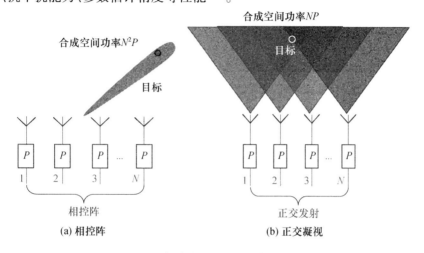

图 1.5　相控阵与正交凝视辐射功率比较

相控阵雷达虽然实现将能量以电磁波的形式快速、集中、定向辐射，但是从能量优化利用的角度来讲，这种方式对于探测而言并非总是效率最高的。关于电磁场和能量的关系，Sliver 曾经说过一段见解深刻的话：虽然电磁场是加性的，但能量并不总是加性的，最终的能量是电磁场相互作用的结果。相控阵雷达通过发射各路相同的信号，把本来复杂的电磁场作用关系简单化，将本来是时间 – 空间函数的电磁场方向图特性变成了只是空间的函数，这种简单化是造成其体制弊端的重要因素之一。根据电磁场的基本理论，可以通过设计多个分布式天线单元的发射信号的互相关性，控制波束方向图的形状和指向，这便是发射波束形成的概念。在单元方向图各向同性条件下，当各单元工作在同一射频波段时，天线的波束方向图由天线单元、空间相位差、信号复包络（发射信号的初相和幅度信息）3 个因素决定，当天线单元满足理想假设且阵元集中布阵时，幅度包络偏移很小，可以认为包络是对齐的。

因此，相控阵雷达可看作分布式相参射频探测系统的一种特殊形式，区别在于相控阵阵元间距存在半个波长限制，且发射相关系数为 1 的信号，实现信号相干叠加，在空间形成高增益窄波束；分布式相参射频探测系统发射正交或者部分相关信号在空间形成宽泛波束进行探测，通过波形分集，获得额外的分集增益。另外,分布式相参射频探测系统可根据不同探测任务和探测目标、环境,自适应采用不同的波形,实现目标最优化探测,如图 1.6 所示。分布式相参射频探测系统利用全向波束实现探测后,再利用获取的目标环境基础信息,自适应调整波形参数,设计与目标、任务、环境相匹配的波形,实现最优化探测,如图 1.7 所示。例如,发现目标为常规、简单运动目标,则可演变为相控阵雷达体制,利用相控阵高增益波束实现目标的快速探测。又如,为获得高角度分辨力,可演变为"宽发窄收"体制,各阵元发射频率步进信号,通过接收信号合成实现综合孔径,已获得综合孔径下的高角度分辨力。

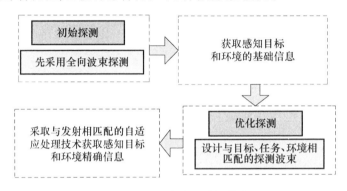

图 1.6 自适应波形感知模式

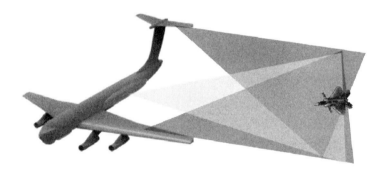

图 1.7 机载分布式相参射频探测系统示意图

分布式相参射频探测系统与传统的相控阵雷达相比较,具有以下特点:

(1) 分布式体制雷达可以打破相控阵雷达的布阵局限,具有布阵灵活性,可以因地制宜布阵,便于运输和平台搭载。地面雷达受地球曲率的影响,无法探测视距外目标,超视距探测最直接的方法是将雷达安装在飞机和卫星上。然而,传统星载和机载等雷达受到平台物理及结构等限制很多。分布式协同相参射频探测系统受物理及结构的限制少,更容易在运动平台(如卫星、飞机和舰船等)通过合理布阵提高功效。同时,具有工作模式的灵活性,容易克服存在于传统雷达的诸多问题,实现雷达、侦察、通信功能的一体化。

(2)采用正交发射的工作方式可以实现对探测空域的凝视探测,极大地提高对探测目标的观测时间,从毫秒级上升到秒级,通过对各个接收端信号的相参融合处理,获得更高信噪比,极大地提高对隐身目标的发现概率,并改善多目标跟踪性能和降低系统的截获概率。

(3)采用波形分集技术可以实现自适应波形捷变感知和射频多功能一体化,通过设计各个射频单元发射波形的相关性,可以设计各种形状的波形,以适应不同的干扰环境和系统任务、功能和模式,进而采用不同的信号处理策略。抑制杂波特性,匹配杂波环境和目标特性,提高检测目标能力。

(4)系统结构可重构,功能可重组,工作模式多样性,可以长时间集侦察、搜索、跟踪、数据传递、武器控制等于一体,信息激励、观测、处理和利用等相互关联,互相协作,多位一体,达到全天候、大空域及空、天、地、海一体化的监视,并提高来袭的超视距、超低空武器的快速反应能力和引导拦击能力。分布式相参射频探测系统可望大大提高战场信息探测能力,提高反侦察、抗干扰、反隐身、反低空突袭的生存能力。

鉴于分布式相参射频探测系统众多优点,其在机载平台、无人机平台、舰载平台、星载平台、临近空间平台上均可应用。其中,基于机载平台的分布式相参射频探测系统,可极大地改善机载预警雷达系统在探测隐身小目标和慢速目标、高精度测高、非均匀杂波抑制、复杂电磁环境下的自适应能力等方面的性能,具有广阔的应用前景,此即本书的研究重点。

第 ❷ 章
系统工作原理及性能

　　机载分布式相参射频探测系统利用空间分布的多个射频单元协同探测目标区域,并将多个接收端获得的信息进行信号级融合处理,以获取更优的检测、估计、识别等系统性能[17]。系统相参性的要求主要包含发射系统和接收系统两个方面:就发射系统而言,是指可以对多个不同位置的射频单元发射信号的功率、频率、相位、发射时间等参数进行精确的控制,以完成不同的感知任务;就接收系统而言,是指可以根据不同的探测情况对多个传感器接收的信号进行相参或非相参融合处理策略。

◤ 2.1　工 作 原 理

　　机载分布式相参射频探测系统处理架构如图 2.1 所示。设发射端有 M 个发射阵元,各阵元发射信号相互正交,且具有相同的带宽 B_s。假设 $s_l(t)$ 表示第 $l(l=1,2,\cdots,M)$ 个阵元发射的波形,由于各发射信号相互正交,因此发射信号在空间不合成窄波束。假设电磁波在空间均匀传播,目标处于阵列远场,且可以视为理想点目标,发射信号经目标反射后被 N 个接收阵元接收,每个接收阵元同时接收 M 路回波。这里不考虑环境及目标对回波正交性的影响。各回波信号之间相互正交,因此各阵元接收到的信号经下变频后,可以用匹配滤波器将 M 路回波分离开,N 个接收阵元共分离出 MN 路回波信号。发射阵元与接收阵元之间的信号传播路径可以简化成 MN 个正交信号传播通道,通道之间特性差异主要来自于以下两个方面:

　　(1) 每个传播通道表示不同的物理传播路径,即信号传播的路径长度和环境均会影响通道特性。

　　(2) 不同的通道特性可能由目标的散射特性引起。

　　为了简化分析,假设目标为理想点目标,不同传播通道的特性可以用时延 τ 简单表示,这样匹配滤波器输出的 MN 路数字基带信号经信号维发射数字波束形成(T－DBF)器和接收数字波束形成(R－DBF)器进行相位补偿（时延补偿）后累加输出（图 2.1 中 T－DBF 和 R－DBF 的先后顺序可互换，但接收要稍做修改）。

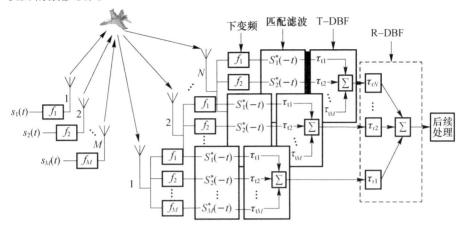

图 2.1　机载分布式相参射频探测系统处理架构

接收数字波束形成完成后，进入相参信号积累部分。系统基于目标的运动模型，对不同运动状态目标的回波进行匹配滤波，实现对穿越发射信号照射区域目标回波信号的最佳接收。

机载分布式相参射频探测系统发射信号可以用多种方式实现正交，为了便于理解，以正交空－时码信号为例进行分析。设第 $i(i=1,2,\cdots,M)$ 号阵元发射信号窄带包络为 $u_i(t)$，$u_i(t)$ 满足正交条件，即

$$u_l(t) * u_m^*(-t) = \beta(t)\delta_{lm}(t) \tag{2.1}$$

式中：" $*$ "表示卷积操作；$\beta(t)$ 表示各发射信号共有的基带被调制波形；$\delta_{lm}(t)$ 定义为

$$\delta_{lm}(t) = \begin{cases} 1 & (l = m) \\ 0 & (l \neq m) \end{cases} \tag{2.2}$$

第 i 号阵元发射信号为

$$s_i(t) = A_0 u_i(t) e^{-j2\pi \cdot f_0 t} \tag{2.3}$$

式中：A_0 为发射信号振幅；f_0 为发射信号载频。各发射信号具有相同带宽 B_s。

第 i 号发射信号经理想点目标反射后传播到达第 $j(j=1,2,\cdots,N)$ 号接收阵元，其信号形式为

$$s'_{ij}(t) = a_0 A_0 u_i(t - \tau_i' - \tau_j) e^{-j2\pi \cdot f_0(t - \tau_i' - \tau_j)} \tag{2.4}$$

式中：a_0 为理想点目标的反射系数；$\tau_i'(t)$ 为从第 i 号发射阵元到目标的相对时

延;τ'_j为从目标到第 j 号接收阵元的相对时延。

第 j 号接收阵元在自由空间中观测到的 M 个正交回波信号为

$$s'_j(t) = \sum_{i=1}^{M} s'_{ij}(t)$$

$$= \sum_{i=1}^{M} a_0 A_0 u_i(t - \tau'_i - \tau'_j) e^{-j2\pi \cdot f_0(t - \tau'_i - \tau'_j)} \qquad (2.5)$$

式(2.5)没有考虑空间噪声。

$s'_j(t)$ 经下变频后，被模拟/数字(A/D)转换器量化成数字信号，其形式为

$$s''_j(t) = s'_j(t) e^{j2\pi \cdot f_0 t} + n_j(t)$$

$$= \sum_{i=1}^{M} \left[a_0 A_0 u_i(t - \tau'_i - \tau'_j) \cdot e^{-j2\pi \cdot f_0(-\tau'_i - \tau'_j)} \right] + n_j(t) \qquad (2.6)$$

在不引起歧义的情况下，为了便于理解，A/D 转换以后的信号仍采用连续信号形式表示。式(2.6)中 $n_j(t)$ 表示第 j 号接收通道 A/D 转换以前的器件热噪声，一般看成加性高斯白噪声，假设各接收通道 A/D 转换以前具有相同的接收带宽 $B_r(B_r \geqslant B_s)$ 并且不考虑宇宙噪声对系统性能的影响，则各接收通道的器件热噪声平均功率为

$$N_j = kT_0 B_s \qquad (2.7)$$

式中：k 为玻耳兹曼常数，$k = 1.38 \times 10^{-23} J/K$；$T_0$ 为标准室温。

将 $s''_j(t)$ 通过 M 路与发射信号相匹配的滤波器，分离出 M 路信号。接收端有 N 个接收阵元，因此能分离出 MN 路回波信号。第 j 号接收阵元的第 i 号匹配滤波器输出为

$$x_{ij}(t) = s''_j(t) * u_i^*(-t)$$

$$= a_0 A_0 \beta(t - \tau'_i - \tau'_j) \cdot e^{-j2\pi \cdot f_0(-\tau'_i - \tau'_j)} + n_j(t) * u_i^*(-t) \qquad (2.8)$$

$x_{ij}(t)$ 经数字波束形成(DBF)(包括 T - DBF 和 R - DBF)相位校准(延时校准)后，与其他信号累加，波束形成后，最后输出信号形式为

$$y_{out}(t) = \sum_{j=1}^{N} \sum_{i=1}^{M} x_{ij}(t) e^{-j2\pi \cdot f_0(\tau_i + \tau_j)}$$

$$= \sum_{j=1}^{N} \sum_{i=1}^{M} \left[a_0 A_0 \beta(t - \tau'_i - \tau'_j) \cdot e^{-j2\pi \cdot f_0(-\tau'_i - \tau'_j + \tau_i + \tau_j)} + n_{ij}(t) \right]$$

$$(2.9)$$

式中

$$n_{ij}(t) = n_j(t) * u_i^*(-t) e^{-j2\pi \cdot f_0(\tau_i + \tau_j)} \qquad (2.10)$$

从式(2.10)可以看出,$n_{ij}(t)$是由同一加性高斯白噪声$n_j(t)$经过不同匹配滤波器及时延后得到的。因此,当i取不同值时,由同一$n_j(t)$进行信号处理得到的$n_{ij}(t)$之间已经解相关。

由于$u_i(t)$为窄带包络($\beta(t)$为窄带波形),当波束形成器对准目标位置时,$\tau_i' = \tau_i$,$\tau_j' = \tau_j$,式(2.9)可简化为

$$y_{\text{out}}(t) = MNa_0A_0\beta(t) + \sum_{j=1}^{N}\sum_{i=1}^{M}n_{ij}(t) \tag{2.11}$$

式(2.11)可看成MN个加性高斯白噪声背景下的相参信号进行积累。由相参积累知识可知,接收波束形成器输出的信噪比相比于积累前匹配滤波器输出的单路信号信噪比提高了MN倍,即阵列处理输出信噪比的提高因子为

$$k_{\text{D}} = MN \tag{2.12}$$

传统相控阵雷达的发射信号是同一基带波形$u(t)$经不同的发射波束形成器通道进行移相得到的。由于发射信号频率固定,因此移相等效为时延。设第i号发射信号时延为$\tau_i(i=1,2,\cdots,M)$,则其发射信号形式为

$$s_i(t) = A_0\beta(t+\tau_i)\text{e}^{-\text{j}2\pi \cdot f_0(t+\tau_i)} \tag{2.13}$$

式中:A_0为发射信号振幅;f_0为信号载频。

发射信号传播到远场区域目标点(假设目标可简化为点模型)的相对时延为τ_i',则第i号发射信号传播到目标处的信号形式为

$$s_i'(t) = A_0\beta(t+\tau_i-\tau_i')\text{e}^{-\text{j}2\pi \cdot f_0(t+\tau_i-\tau_i')} \tag{2.14}$$

在理想传播环境下,当发射波束形成器主瓣对准目标时,$\tau_i = \tau_i'$,且$u(t)$为窄带信号,因此有

$$s_i'(t) = A_0\beta(t)\text{e}^{-\text{j}2\pi \cdot f_0 t} \tag{2.15}$$

由式(2.15)知,各发射阵信号传播到达目标处具有相同的相位,因此各信号在目标处进行相参叠加形成窄波束,数学形式为

$$\begin{aligned} s'(t) &= \sum_{i=1}^{M}s_i'(t) \\ &= MA_0\beta(t) \cdot \text{e}^{-\text{j}2\pi \cdot f_0 t} \end{aligned} \tag{2.16}$$

设目标反射系数为a_0,信号从目标到接收阵元$j(j=1,2,\cdots,N)$的相对传播时延为τ_j',则第j号接收阵元接收到的信号形式为

$$\begin{aligned} s_j''(t) &= s'(t-\tau_j') \\ &= Ma_0A_0\beta(t-\tau_j') \cdot \text{e}^{-\text{j}2\pi \cdot f_0(t-\tau_j')} + n_j(t) \end{aligned} \tag{2.17}$$

式中:$n_j(t)$为接收通道的器件热噪声,可近似为加性高斯白噪声。

下变频及 A/D 转换后,对接收信号做接收波束形成,波束形成器输出为

$$y_{\mathrm{out}}(t) = \sum_{j=1}^{N} s_j{}''(t)\,\mathrm{e}^{-\mathrm{j}2\pi\cdot f_0\tau_j}$$

$$= \sum_{j=1}^{N} \left[Ma_0 A_0 \beta(t - \tau_j' + \tau_j) \cdot \mathrm{e}^{-\mathrm{j}2\pi\cdot f_0(-\tau_j'+\tau_j)} + n_j(t)\,\mathrm{e}^{-\mathrm{j}2\pi\cdot f_0\tau_j} \right]$$

$$(2.18)$$

当接收波束对准目标时，$\tau_j' = \tau_j$，式（2.18）可简化成

$$y_{\mathrm{out}}(t) = NMa_0 A_0 \beta(t) + \sum_{j=1}^{N} n_j(t)\,\mathrm{e}^{-\mathrm{j}2\pi\cdot f_0(\tau_j)} \qquad (2.19)$$

式（2.19）和式（2.11）类似，可看作 N 个加性高斯白噪声背景下的相参信号积累，则接收波束形成器输出的信噪比比积累前提高了 N 倍，比单发单收阵列输出信噪比提高了 NM^2 倍。因此，阵列输出信噪比的提高因子为

$$k_{\mathrm{PA}} = NM^2 \qquad (2.20)$$

2.2 系统性能

以上从信号处理角度对系统的基本工作原理进行了分析，接下来从信噪比角度对系统的探测威力进行分析和比较。

假设系统收发共用一个孔径，目标处于阵列远场，与阵列距离为 R_0，当收发阵元数都为 1 时将只有一个处理通道，雷达方程为

$$S_1 = \frac{P_0 G_{\mathrm{s}}^2 \sigma_0 \lambda^2}{(4\pi)^3 R_0^4} \qquad (2.21)$$

式中：P_0 为单个阵元发射信号的平均功率；G_{s} 为单个阵元增益；σ_0 为目标 RCS；λ 为发射信号波长。

设 N_i 为接收通道的热噪声平均功率，则阵列输出信噪比为

$$\mathrm{SNR}_1 = \frac{P_0 G_{\mathrm{s}}^2 \sigma_0 \lambda^2}{(4\pi)^3 R_0^4 N_j} \qquad (2.22)$$

假设发射阵元数为 M，接收阵元数为 N，第 $i(i=1,2,\cdots,M)$ 个阵元发射信号功率为 P_i，第 $j(j=1,2,\cdots,N)$ 号接收阵元孔径大小为 A_j，由于发射信号正交，各发射阵元相互独立，可近似认为各发射阵元具有相同的增益 G_{s}，则第 j 号接收阵元接收到的第 i 号发射信号回波功率为

$$P_{ij}^{\mathrm{D}} = \frac{P_i G_{\mathrm{s}} \sigma_0 A_j}{(4\pi)^2 R_0^4} \qquad (2.23)$$

对匹配滤波器输出信号做发射波束形成，各发射波束形成器输出回波功率为

$$P_j^D = \sum_{i=1}^{M} P_{ij}^D$$

$$= \sum_{i=1}^{M} \frac{P_i G_s \sigma_0 A_j}{(4\pi)^2 R_0^4}$$

$$= \frac{G_s \sigma_0 A_j}{(4\pi)^2 R_0^4} \sum_{i=1}^{M} P_i \tag{2.24}$$

将 N 个发射波束形成器的输出进一步做接收波束形成,最后阵列输出回波功率为

$$P_D = \sum_{j=1}^{N} P_j^D$$

$$= \sum_{j=1}^{N} \frac{G_s \sigma_0 A_j}{(4\pi)^2 R_0^4} \sum_{i=1}^{M} P_i$$

$$= \frac{G_s \sigma_0}{(4\pi)^2 R_0^4} \sum_{j=1}^{N} A_j \sum_{i=1}^{M} P_i \tag{2.25}$$

当各发射阵元发射功率均为 P_0 时,则有

$$\sum_{i=1}^{M} P_i = M P_0 \tag{2.26}$$

考虑到天线孔径与增益关系

$$A_e = \frac{G\lambda^2}{4\pi} \tag{2.27}$$

式中: G 为天线增益。

因此有

$$\sum_{j=1}^{N} A_j = \sum_{j=1}^{N} G_j \frac{\lambda^2}{4\pi} \tag{2.28}$$

式中: G_j 为第 j 个接收阵元的接收增益。

将式(2.16)和式(2.28)代入式(2.25),可得

$$P_D = \frac{M P_0 \sigma_0 \lambda^2}{(4\pi)^3 R_0^4} G_s \sum_{j=1}^{N} G_j \tag{2.29}$$

令

$$G_D^2 = G_s \sum_{j=1}^{N} G_j \tag{2.30}$$

将 G_D 代入式(2.29),可得

$$P_D = \frac{M P_0 G_D^2 \sigma_0 \lambda^2}{(4\pi)^3 R_0^4} \tag{2.31}$$

接收波束形成器输出信号带宽与接收通道带宽相等,均为 B_s,噪声平均

功率 N_j 由式(2.7)给出，阵列处理最后输出信号信噪比为

$$\mathrm{SNR_D} = \frac{MP_0 G_\mathrm{D}^2 \sigma_0 \lambda^2}{(4\pi)^3 R_0^4 N_j} \tag{2.32}$$

对于距离为 R_0、RCS 为 σ_0 的远场目标，在其他物理量相同的情况下，由于单通道雷达可以看作机载分布式相参射频探测系统发射和接收阵元数均为 1 的特殊情况，因此由式(2.12)可知，单通道雷达和机载分布式相参射频探测系统阵列处理输出信噪比关系为

$$\mathrm{SNR_D} = k_\mathrm{D} \cdot \mathrm{SNR_1} \tag{2.33}$$

即

$$\frac{MP_0 G_\mathrm{D}^2 \sigma_0 \lambda^2}{(4\pi)^3 R_0^4 N_j} = MN \frac{P_0 G_\mathrm{s}^2 \sigma_0 \lambda^2}{(4\pi)^3 R_0^4 N_j} \tag{2.34}$$

上式化简后可得

$$G_\mathrm{D} = \sqrt{N} G_\mathrm{s} \tag{2.35}$$

上式两边取对数，可得

$$10\log G_\mathrm{D} = 10\log \sqrt{N} + 10\log G_\mathrm{s} \tag{2.36}$$

对于机载分布式相参射频探测系统，接收阵元数增加 1 倍，阵列等效增益提高 1.5dB。因此，在发射总功率不变的前提下，分布式相参射频探测系统综合增益与发射阵元数无关，发射阵列的空间增益需通过回波积累时间进行弥补。

为了更好地理解分布式相参射频探测系统的探测威力，下面对相控阵的探测威力进行分析。

假设传统相控阵雷达发射阵元数为 M，接收阵元数为 N，单个阵元发射信号的平均功率为 P_0，总的发射功率为 MP_0，则第 j 个接收阵元接收到的信号回波功率为

$$P_{j,\mathrm{PA}} = \frac{MP_0 G_\mathrm{t} \sigma_0 A_j}{(4\pi)^2 R_0^4} \tag{2.37}$$

式中：G_t 为发射阵列增益；σ_0 为目标 RCS。

将接收信号下变频、A/D 转换之后做数字波束形成，输出回波功率为

$$P_\mathrm{PA} = \sum_{j=1}^{N} \frac{MP_0 G_\mathrm{t} \sigma_0 A_j}{(4\pi)^2 R_0^4} \tag{2.38}$$

即

$$P_\mathrm{PA} = \frac{MP_0 G_\mathrm{t} \sigma_0}{(4\pi)^2 R_0^4} \sum_{j=1}^{N} A_j \tag{2.39}$$

由式(2.27)可推出

$$\sum_{j=1}^{N} A_j = \sum_{j=1}^{N} G_j \frac{\lambda^2}{4\pi} \tag{2.40}$$

将式(2.40)代入式(2.39),可得

$$P_{PA} = \frac{MP_0\sigma_0\lambda^2}{(4\pi)^3 R_0^4} G_t \sum_{j=1}^{N} G_j \tag{2.41}$$

令

$$G_{PA}^2 = G_t \sum_{j=1}^{N} G_j \tag{2.42}$$

式中:G_{PA} 为相控阵雷达阵列的等效增益。

式(2.41)变为

$$P_{PA} = \frac{MP_0 G_{PA}^2 \sigma_0 \lambda^2}{(4\pi)^3 R_0^4} \tag{2.43}$$

假设接收波束形成器输出噪声带宽与接收通道带宽相等,均为 B_s,噪声平均功率 N_i 由式(2.7)给出,则阵列处理最后输出信号信噪比为

$$SNR_{AP} = \frac{MP_0 G_{PA}^2 \sigma_0 \lambda^2}{(4\pi)^3 R_0^4 N_j} \tag{2.44}$$

对于距离为 R_0、RCS 为 σ_0 的远场目标,在其他物理量相同的情况下,由于单通道雷达可以看作机载分布式相参射频探测系统发射和接收阵元数均为 1 的特殊情况,由式(2.20)可知,相控阵雷达阵列处理输出信噪比与单通道雷达阵列输出信噪比之间关系为

$$SNR_{AP} = k_{PA} SNR_1 \tag{2.45}$$

即

$$\frac{MP_0 G_{PA}^2 \sigma_0 \lambda^2}{(4\pi)^3 R_0^4 N_j} = NM^2 \frac{P_0 G_s^2 \sigma_0 \lambda^2}{(4\pi)^3 R_0^4 N_j} \tag{2.46}$$

上式化简后可得

$$G_{PA} = \sqrt{NM} G_s \tag{2.47}$$

对式(2.47)两边取对数,可得

$$10\log G_{PA} = 10\log \sqrt{NM} + 10\log G_s \tag{2.48}$$

由式(2.48)可知,当 $M = N$ 时,相控阵雷达天线阵元数增加 1 倍,阵列增益增加 3dB。

由式(2.32)可知,机载分布式相参射频探测系统威力方程为

$$R_{max}^4 = \frac{MP_0 G_D^2 \sigma_0 \lambda^2}{(4\pi)^3 F_n SNR_{min} N_j} \tag{2.49}$$

式中:F_n 为雷达接收机噪声系数;SNR_{min} 为最小可检测信噪比。

将式(2.35)代入式(2.49),可得

$$R_{\max}^4 \mid_D = \frac{MNP_0 G_s^2 \sigma_0 \lambda^2}{(4\pi)^3 F_n \mathrm{SNR}_{\min} N_j} \qquad (2.50)$$

式(2.50)为机载分布式相参射频探测系统近似威力方程,式中 G_s^2 一般取值较小,可以用工程上单个阵元或子阵的典型增益代替。

用同样的方法可推出相控阵雷达威力方程,即

$$R_{\max}^4 \mid_{AP} = \frac{NM^2 P_0 G_s^2 \sigma_0 \lambda^2}{(4\pi)^3 F_n \mathrm{SNR}_{\min} N_j} \qquad (2.51)$$

将式(2.50)和式(2.51)左右两边取比值,化简后可得在发射功率、阵元数、目标距离等物理条件相同情况下,两种体制雷达在脉冲积累数相同时的作用距离比,即

$$\rho = \frac{R_{\max}^4 \mid_D}{R_{\max}^4 \mid_{AP}} = \frac{1}{M^{1/4}} \qquad (2.52)$$

积累时间相同情况下,阵元数与最大作用距离比的关系如图2.2所示。从图2.2可以看出,相对于相控阵雷达,在脉冲积累数相同情况下,机载分布式相参射频探测系统探测性能急剧恶化,但这并不意味着机载分布式相参射频探测系统性能低于相控阵雷达。在搜索模式下,假设目标空域宽度为 θ_W,在阵元数相同的情况下,相控阵的波束宽度为 θ_B,搜索角速度为 θ_ω,则相控阵的相参积累时间为

$$T_1 = \frac{\theta_B}{\theta_\omega} \qquad (2.53)$$

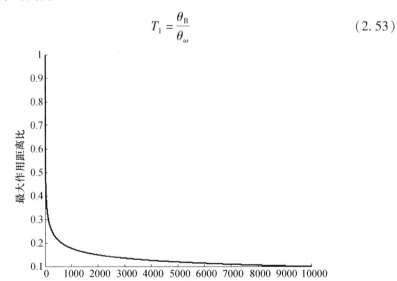

图2.2　积累时间相同情况下,阵元数与最大作用距离比的关系

搜索整个目标空域的时间为

$$T_s = T_1 \frac{\theta_W}{\theta_B} = \frac{\theta_W}{\theta_\omega} \qquad (2.54)$$

对于分布式相参射频探测系统,发射能量均匀分布在整个目标空域,接收同时用 θ_W/θ_B 个宽度为 θ_B 的窄波束覆盖目标空域。在相同的搜索时间 T_s 下,对于单个目标,分布式相参射频探测系统的积累时间是相控阵的 θ_W/θ_B 倍。这时,分布式相参射频探测系统的搜索雷达方程为

$$R_s^4 \mid_D = \frac{MNP_0 G_s^2 \sigma_0 \lambda^2}{(4\pi)^3 F_n \mathrm{SNR}_{\min} N_i} \frac{T_s}{T_0} \qquad (2.55)$$

式中:T_0 为脉冲重复周期。

相控阵雷达搜索方程为

$$R_s^4 \mid_{AP} = \frac{MN^2 P_0 G_s^2 \sigma_0 \lambda^2}{(4\pi)^3 F_n \mathrm{SNR}_{\min} N_j} \frac{\theta_B}{\theta_\omega T_0} \qquad (2.56)$$

则两者的探测距离比为

$$\rho_s = \frac{R_s^4 \mid_D}{R_s^4 \mid_{AP}} = \left(\frac{\theta_W/\theta_B}{M} \right)^{1/4} \qquad (2.57)$$

由天线理论可知

$$\frac{\theta_W}{\theta_B} \approx M \qquad (2.58)$$

则有

$$\rho_s \approx 1 \qquad (2.59)$$

由式(2.59)可知,在搜索模式下,如果机载分布式相参射频探测系统能够把 T_s 时间内的能量积累起来,则分布式相参射频探测系统和相控阵雷达对单点目标具有相同的探测距离。由于分布式相参射频探测系统能同时获得整个目标空域的回波信息,因此在多目标和多任务情况下,分布式相参射频探测系统性能明显优于相控阵雷达。

如果系统能够充分利用探测空域内的能量,考虑长时间回波相参性变化时,引入损耗因子 $\zeta_0(0 < \zeta_0 < 1)$,则式(2.55)变为

$$R_s^4 \mid_D = \zeta_0 \frac{MNP_0 G_s^2 \sigma_0 \lambda^2}{(4\pi)^3 F_n \mathrm{SNR}_{\min} N_j} \frac{T_s}{T_0} \qquad (2.60)$$

将式(2.7)代入式(2.60),可得

$$R_s^4 \mid_D = \zeta_0 \frac{MNP_0 G_s^2 \sigma_0 \lambda^2}{(4\pi)^3 F_n \mathrm{SNR}_{\min} k T_0 B_s} \frac{T_s}{T_0} \qquad (2.61)$$

对于简单矩形脉冲信号,有

$$R_s^4 \mid_D = \zeta_0 \frac{MNP_0 G_s^2 \sigma_0 \lambda^2}{(4\pi)^3 F_n \mathrm{SNR}_{\min} k B_s} \frac{\tau}{T_0} T_s \tag{2.62}$$

分布式相参射频探测系统的一个重要优点是能充分利用机载平台进行共形布阵,能获得更大的收发阵元数乘积 MN,可以弥补长时间积累损耗,探测距离能达到或超过相控阵雷达。

2.3 小　　结

本章首先介绍了分布式相参射频探测系统的基本原理,内容包括系统架构组成,发射、接收的基本工作流程。基于此,讨论了探测系统的基本参数——信噪比,并与传统相控阵体制对比。对比结果表明,发射功率、阵元数等条件相同时,分布式相参射频探测系统下目标回波信噪比为传统相控阵的 $1/M(M$ 为发射阵元数),目标被照射时间为传统相控阵的 M 倍,在搜索模式下,如果机载分布式相参射频探测系统能够把长时间照射目标的回波能量积累起来,则分布式相参射频探测系统和相控阵雷达对单点目标具有相同的探测威力。同时,由于分布式相参射频探测系统能同时获得整个目标空域的回波信息,因此在多目标和多任务情况下,其性能优于相控阵雷达。

第 ③ 章
系统信号波形

　　机载分布式相参探测系统发射信号一般采用正交模式,而在雷达信号波形中线性调频(LFM)信号生成简单、处理方便,运用非常广泛。针对机载分布式相参射频探测系统,考虑步进频线性调频(SFDLFM)信号,既能满足正交需求,又可兼顾 LFM 信号的优点[18],本章将其作为机载分布式相参射频探测系统中一种重要的正交信号形式进行研究。

　　首先,从综合信号各组成部分的特性入手,研究不同通道的发射信号互模糊函数对合成信号的影响;其次,引出离散 sinc 函数、螺旋函数以及本节特别建立的螺纹函数,重点研究多个分量的联合作用。

▧ 3.1　SFDLFM 综合信号

　　设发射阵分为 M 个通道发射 SFDLFM 信号,第 k 个发射通道的信号表示为

$$s_k(t) = U_k(t)\,\mathrm{e}^{\mathrm{j}2\pi f_c t} \quad (k = 0,1,\cdots,M-1) \tag{3.1}$$

式中: f_c 为发射载频; $U_k(t)$ 为第 k 个发射信道的复调制包络,且有

$$U_k(t) = \frac{1}{\sqrt{T_p}}\mathrm{rect}\left(\frac{t}{T_p}\right)\mathrm{e}^{\mathrm{j}\frac{1}{2}\mu t^2}\mathrm{e}^{\mathrm{j}2\pi f_k t}\mathrm{e}^{\mathrm{j}\phi_k} \tag{3.2}$$

其中: f_k 为第 k 个信号的起始频率; T_p 为发射脉宽; μ 为调频斜率; ϕ_k 为在发射信号上特意加入的伪随机初相,它在改善综合信号旁瓣以及提高机载分布式相参射频探测系统抗侦察截获能力方面具有独特的作用;rect 为门函数,且有

$$\mathrm{rect}\left(\frac{t}{T_p}\right) = \begin{cases} 1 & (0 \leqslant t \leqslant T_p) \\ 0 & (其他) \end{cases} \tag{3.3}$$

　　单个 LFM 信号的频谱宽度为

$$B_s = u T_p \tag{3.4}$$

设想空中存在一个运动的点源目标,经由目标反射并到达接收单元 h 的信号为

$$p_h(t) = \eta \sum_{k=0}^{M-1} U_k(t-\tau) \mathrm{e}^{\mathrm{j}2\pi f_\mathrm{c}(t-\tau)} \mathrm{e}^{\mathrm{j}2\pi f_\mathrm{d} t} \mathrm{e}^{-\mathrm{j}k\varphi_\mathrm{t}} \mathrm{e}^{-\mathrm{j}h\varphi_\mathrm{r}} + v_h(t) \qquad (3.5)$$

式中:f_d 为目标多普勒频率;φ_t、φ_r 分别为目标方向对应的发、收阵列空间相位差;$v_h(t)$ 为噪声。

接收信号去掉载频得到视频信号为

$$p_{h1}(t) = \eta \sum_{k=0}^{M-1} U_k(t-\tau) \mathrm{e}^{-\mathrm{j}2\pi f_\mathrm{c}\tau} \mathrm{e}^{\mathrm{j}2\pi f_\mathrm{d} t} \mathrm{e}^{-\mathrm{j}k\varphi_\mathrm{t}} \mathrm{e}^{-\mathrm{j}h\varphi_\mathrm{r}} + v_{h1}(t) \qquad (3.6)$$

假设发射信号与噪声完全不相关,则该通道信号与第 l 个发射信号的匹配输出为

$$\begin{aligned} y_{h,l}(t) &= h_{h1}(t) \otimes U_l^*(-t) \\ &= \eta \mathrm{e}^{-\mathrm{j}2\pi f_\mathrm{c}\tau} \mathrm{e}^{-\mathrm{j}2h\varphi_\mathrm{r}} \sum_{k=0}^{M-1} \left[U_k(t-\tau) \mathrm{e}^{\mathrm{j}2\pi f_\mathrm{d} t} \mathrm{e}^{-\mathrm{j}k\varphi_\mathrm{t}} \otimes U_l^*(-t) \right] \end{aligned}$$

$$(3.7)$$

式中:$U_l^*(-t)$ 为第 l 个发射信号的匹配波形。

接收端等效发射波束形成处理时,接收通道 h 得到的综合信号为

$$\begin{aligned} z_h(\Delta\varphi_\mathrm{t}, f_\mathrm{d}, t) &= \sum_{l=0}^{M-1} \left[y_{h,l}(t) \right] \cdot \mathrm{e}^{\mathrm{j}l\varphi_\mathrm{t0}} \\ &= \eta \mathrm{e}^{-\mathrm{j}2\pi f_\mathrm{c}\tau} \mathrm{e}^{-\mathrm{j}h\varphi_\mathrm{r}} \sum_{l=0}^{M-1} \left\{ \sum_{k=0}^{M-1} \left[U_k(t-\tau) \mathrm{e}^{\mathrm{j}2\pi f_\mathrm{d} t} \mathrm{e}^{-\mathrm{j}k\varphi_\mathrm{t}} \otimes U_l^*(-t) \right] \mathrm{e}^{\mathrm{j}l\varphi_\mathrm{t0}} \right\} \end{aligned}$$

$$(3.8)$$

用空间相位差的差表示的等效发射波束指向和目标方位的相对偏差(也可理解为余弦空间里等效发射波束指向与目标方位的偏差)为

$$\Delta\varphi_\mathrm{t} = \varphi_\mathrm{t} - \varphi_\mathrm{t0} \qquad (3.9)$$

式中:φ_t0 为发射波束指向对应的空间相位差;$\Delta\varphi_\mathrm{t}$ 是直接影响机载分布式相参射频探测系统综合信号时域特性的关键因素,这一点与使用单个发射信号的常规雷达明显不同。

综合信号输出为

$$\begin{aligned} &S_\mathrm{out}(\Delta\varphi_\mathrm{r}, \Delta\varphi_\mathrm{t}, f_\mathrm{d}, t) \\ &= \sum_{h=1}^{N} \left(\eta \mathrm{e}^{-\mathrm{j}2\pi f_\mathrm{c}\tau} \mathrm{e}^{-\mathrm{j}\varphi_\mathrm{r}} \mathrm{e}^{-\mathrm{j}\varphi_\mathrm{r0} h} \right) \cdot \sum_{l=0}^{M-1} \left\{ \sum_{k=0}^{M-1} \left[U_k(t-\tau) \mathrm{e}^{\mathrm{j}2\pi f_\mathrm{d} t} \mathrm{e}^{-\mathrm{j}k\varphi_\mathrm{t}} \otimes \right. \right. \\ &\left. \left. U_l^*(-t) \right] \cdot \mathrm{e}^{\mathrm{j}l\varphi_\mathrm{t0}} \right\} \end{aligned}$$

$$(3.10)$$

式中:$\Delta\varphi_\mathrm{r0}$ 为余弦空间接收波束指向与目标方位的偏差。

可以看到,接收波束合成与等效发射波束合成是相对独立的,其处理的先后顺序也可依据需要任意调整。此外,对单个接收通道进行等效发射波束合成后得到的综合信号 $z_h(\Delta\varphi_t, f_d, t)$ 实际上决定了最终得到的综合信号的时域特性,值得进行针对性的分析和研究。设

$$z'_h(\Delta\varphi_t, f_d, t) = \sum_{l=0}^{M-1}\sum_{k=0}^{M-1}\left[e^{-jk\varphi_t}e^{jl\varphi_{t0}}\left(U_k(t-\tau)e^{j2\pi f_d t} \right) \otimes U_l^*(-t) \right]$$

(3.11)

它和 $z_h(\Delta\varphi_t, f_d, t)$ 具有完全相同的幅度特性,因此后面重点分析式(3.11)的时域特性。

$z'_h(\Delta\varphi_t, f_d, t)$ 共包含 $M \times M$ 个分量,其中一个分量可以写为

$$A_{k,l} = \left(U_k(t-\tau)e^{j2\pi f_d t} \right) \otimes U_l^*(-t)e^{-jk\varphi_t}e^{jl\varphi_{t0}}$$

(3.12)

式(3.12)是时间 t 和相位差 φ_{t0}、φ_t 的函数,根据 k、l 的变化,可以将 $A_{k,l}$ 排列成 M 行 M 列的方阵,记为 A,于是 $z'_h(\Delta\varphi_t, f_d, t)$ 恰为矩阵 A 元素的总和。

元素 $A_{k,l}$ 显然是第 k 路发射信号和第 l 路信号的互模糊函数,当 $k=l$ 时,则为常见模糊函数。

3.2　互模糊函数特性[19]

如果不同通道的频率间隔是均匀的,则各发射通道的复调制包络可表示为

$$U_k(t) = \frac{1}{\sqrt{T_p}}\text{rect}\left(\frac{t}{T_p} \right)e^{j\frac{1}{2}\mu t^2}e^{j2\pi k f_\Delta t}e^{j\phi_k} \quad (k=0,1,\cdots,M-1)$$

(3.13)

式中:f_Δ 为通道间频率间隔。

发射信号的总带宽为

$$B = B_s + (M-1)f_\Delta$$

(3.14)

上述表达方式允许频率间隔 $f_\Delta < B_s$,即各通道发射频带之间存在部分的重叠。

为满足正交性要求,必须有

$$f_\Delta T_p = n$$

或

$$f_\Delta = n/T_p$$

(3.15)

式中:n 为任意正整数。

可以看出,T_p 越大,f_Δ 就越小。此时,总的频带宽度允许做得更窄,将有利于降低接收系统数字采样频率,降低搜索状态下信号处理系统的工作量。

任意通道的信号均可表示为

$$U_k(t) = U_0(t) e^{j2\pi kf_\Delta t} e^{j\phi_k - j\phi_0} \tag{3.16}$$

于是有

$$A_{k,l} = e^{-jk\varphi_t} e^{-j2\pi kf_\Delta \tau} e^{j\phi_k - j\phi_l} e^{jl\varphi_{t0}} e^{j2\pi lf_\Delta t} \left\{ \left[U_0(t-\tau) e^{j2\pi [(k-l)f_\Delta - f_d]t} \right] \otimes \left[U_0^*(-t) \right] \right\} \tag{3.17}$$

式中:φ_t 为发射阵空间相位差;ϕ_k 为第 k 个信号回波的相位延迟;$\phi_k - \phi_l$ 为第 k、l 个信号的初相差,在参与等效发射波束形成的时候起比较关键的作用。另包括第 l 个信号的步进频率分量,对综合信号的特性具有重要的影响。

两回波信号分量与匹配信号的中心频率差为

$$\xi_d = pf_\Delta - f_d = (k-l)f_\Delta - f_d \tag{3.18}$$

式中:$p = k - l$,是决定频率差异的关键因素,也称为失配阶数。

把 ξ_d 看成广义的多普勒频率,考虑多普勒效应时常规雷达 LFM 信号的模糊函数为

$$\chi(p, f_d, t) = \left[U_0(t-\tau) e^{j2\pi \xi_d t} \right] \otimes \left[U_0^*(-t) \right] \tag{3.19}$$

这样就可以把不同通道发射信号之间的互模糊函数表示为特殊的模糊函数形式,即

$$A_{l+p,l} = e^{-j(l+p)\varphi_t} e^{-j2\pi(l+p)f_\Delta \tau} e^{j\phi_{l+p} - j\phi_l} e^{jl\varphi_{t0}} e^{j2\pi lf_\Delta t} \chi(p, f_d, t) \tag{3.20}$$

在参与信号综合的时候,幅度的大小决定信号分量对综合信号的影响,因此首先应该关注式(3.20)的幅度特性。注意到

$$|A_{l+p,l}| = |\chi(p, f_d, t)| \tag{3.21}$$

因此 $A_{l+p,l}$ 模的幅度将由模糊函数 $\chi(p, f_d, t)$ 决定。LFM 信号的模糊函数在雷达信号理论中已经有具体的推导和说明。可以知道,当 $\xi_d = 0$ 时,$\chi(p, f_d, t)$ 具有 sinc 函数型包络,主瓣的 -4dB 宽度 $g \approx 1/B_s$,第一副瓣的高度为 -13.2dB,其他旁瓣则随着与主瓣距离的增加而不断降低;随着 ξ_d 的变化,主瓣的位置将发生移动,幅度会降低,宽度随之增加。

重点关心峰值主瓣的位置,近似为

$$t = \tau - \frac{T_p}{B_s} \left[(k-1)f_\Delta + f_d \right] = \tau - \frac{T_p}{B_s} \left[pf_\Delta + f_d \right] \tag{3.22}$$

可以看出,随着 p 的变化,这些主瓣的位置也发生相应的变化,并且其间隔近似为一常量:

$$\Delta t = \frac{T_p}{B_s} f_\Delta \tag{3.23}$$

只要

$$T_p f_\Delta > 1 \tag{3.24}$$

就可保证阶数 p 相同的若干分量主瓣峰值位置在时间上对准,而 p 不同时则完全不重叠。事实上,机载分布式相参射频探测系统需要更大的时间宽度以提高单个脉冲的能量,因此在实际系统中往往允许 $T_p f_\Delta \gg 1$。此时,可以保证不同失配阶数 p 决定的模糊/互模糊函数主瓣完全不重叠。

值得注意的是,由于三角函数的作用,当且仅当这些主瓣的峰值出现在区间 $[\tau - T_p, \tau + T_p]$ 时,才是客观存在的。超出上述范围时,综合信号输出将全部为零。

该点目标综合信号存在的全区间为

$$Q = [\tau - T_p, \tau + T_p] \tag{3.25}$$

还可以看出,随着 $|p|$ 的变化,主瓣峰值偏离目标中心位置 $t = \tau$ 越来越远,幅度也越来越小。

从式(3.22)可以看出,只要 $\dfrac{T_p}{B}[pf_\Delta + f_d] < T_p$,即

$$pf_\Delta + f_d < B_s \tag{3.26}$$

这些主瓣的峰值就在 Q 区间出现。其中,阶数 $p = 0$ 对应的是各通道发射信号的自相关,它是想要得到的目标信号输出。

满足上述条件的阶数 p 经常不止一个。当发射频谱存在重叠,或即使发射频谱不存在重叠但目标速度比较大时,单个单元的接收信号与第 l 个发射信号进行匹配的输出 $y_{h,l}(t)$ 中将观察到很多个 sinc 函数的峰值。其中:与 $p = 0$ 对应的峰值来自于信号自相关,它将参与合成与目标位置对应的综合信号主瓣; $p \neq 0$ 时出现在 Q 区间的其他峰值与不同发射信号之间的互相关有关,它们也可能在综合信号中合成比较大的峰值,从而形成一些虚假的信号,将 $p \neq 0$ 时出现在 Q 区间的其他峰值称为次主峰。由模糊函数的特征知道,随着阶数 p 的增加,这些次主峰的幅度逐渐下降,宽度也稍有增大。

图 3.1 给出了单个通道发射信号与接收信号的匹配输出。仿真使用的参数如下:通道数为 16,采样周期为 $0.05\mu s$,单个发射信道的带宽为 $0.6MHz$,通道之间的间隔为 $0.2MHz$,脉冲宽度为 $40\mu s$。由图 3.1 不但可以观察到 $y_{h,l}(t)$ 的主瓣,还可以观察到 $p \neq 0$ 决定的出现在 Q 区间的次主峰。

用 Q_p 表示由失配阶数 p 决定的 $y_{h,l}(t)$ 中的主峰或次主峰的存在区间,有

$$Q_p = [\tau - (pf_\Delta + f_d)T_p/B_s - 0.5/B_s, \ \tau - (pf_\Delta + f_d)T_p/B_s + 0.5/B_s] \cap Q \tag{3.27}$$

特别有

$$Q_0 = [\tau - f_d T_p/B_s - 0.5/B_s, \tau - f_d T_p/B_s + 0.5/B_s] \cap Q \tag{3.28}$$

是我们关注的综合信号主瓣可能存在的区间。图 3.1 中横坐标轴上标注出了

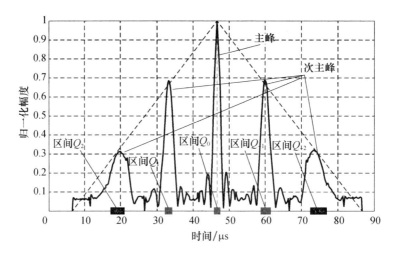

图 3.1　单个通道发射信号与接收信号的匹配输出（见彩图）

p 分别为 -2、-1、0、1、2 时所对应的不同区间 Q_{-2}、Q_{-1}、Q_0、Q_1、Q_2。

　　显然在 Q_p 区间,合成信号的幅度主要由满足 $k-l=p$ 的若干分量决定,因为这些分量不仅幅度上占据绝对优势,相位上也呈线性梯度关系,在使用离散傅里叶变换(DFT)形成发射波束时,必然存在一组合适的旋转矢量,将这若干分量的相位差异完全补偿后实现同相相加,并得到比较大的幅度分量;至于其他分量,由于本身幅度比较小,无论相位关系如何,也不会在 Q_p 区间内占据足够的分量,使合成信号的幅度特征出现本质的变化。

◤ 3.3　螺纹函数特性及应用

　　前面结论给后续的分析带来了很大方便,并促使我们对矩阵 A 的 $M \times M$ 个分量按行号和列号的差异进行分类,符合这一条件的所有元素在矩阵 A 里恰好呈直线排列,直线与主对角线平行。注意到对矩阵 A 全部元素求和时,既可以先对各行的元素进行求和运算再统一求和,也可以先对各斜线上的元素求和再统一求和,获得恒等式如下:

$$\sum_{k=0}^{M-1}\sum_{l=0}^{M-1}(A_{(k,l)}) = \sum_{p=0}^{M-1}\sum_{n=0}^{M-p-1}(A_{(n+p,n)}) + \sum_{p=-1}^{1-M}\sum_{n=-p}^{M-1}(A_{(n+p,n)}) \qquad (3.29)$$

式(3.29)等号右边第一项是主对角线及其下方各斜线上的各元素之和,第二项是主对角线上方各斜线上的各元素之和。

　　记 $m=n+p$,对上述和式的第二项进行修正,另外注意第二项里 p 只取负值,记 $P=|p|$ 以取得统一的表达格式,恒等式可变为

$$\sum_{k=0}^{M-1}\sum_{l=0}^{M-1}(A_{(k,l)}) = \sum_{n=0}^{M-1}\sum_{p=0}^{M-P-1}(A_{(n+P,n)}) + \sum_{p=-1}^{1-M}\sum_{m=0}^{M-P-1}(A_{(m,m+P)}) \quad (3.30)$$

利用上述恒等式对前面 $z_h'(\Delta\varphi_{\rm t},f_{\rm d},t)$ 的表达式进行处理，并注意提取公共项，再将 $p=0$ 对应的综合信号主瓣单独列出，可得

$$z_h'(\Delta\varphi_{\rm t},f_{\rm d},t) = \chi(0,f_{\rm d},t)\sum_{n=0}^{M-1}{\rm e}^{jn(2\pi f_\Delta t - 2\pi f_\Delta \tau + \Delta\varphi_{\rm t})} +$$

$$\sum_{p=1}^{M-1}\{\chi(p,f_{\rm d},t){\rm e}^{-jp\varphi_{\rm t}}{\rm e}^{-j2\pi pf_\Delta\tau}\sum_{n=0}^{M-P-1}({\rm e}^{jn(2\pi f_\Delta t - 2\pi f_\Delta \tau + \Delta\varphi_{\rm t})}{\rm e}^{j\phi_{n+P}-j\phi_n})\} +$$

$$\sum_{p=-1}^{1-M}\{\chi(p,f_{\rm d},t){\rm e}^{-jp\varphi_{\rm t0}}{\rm e}^{-j2\pi pf_\Delta\tau}\sum_{m=0}^{M-P-1}({\rm e}^{jm(2\pi f_\Delta t - 2\pi f_\Delta \tau + \Delta\varphi_{\rm t})}{\rm e}^{j\phi_m-j\phi_{m+P}})\}$$

$$(3.31)$$

定义三个多频信号求和函数：

$$C_1(P,\Delta\varphi_{\rm t},t) = \sum_{n=0}^{M-P-1}({\rm e}^{-jn(2\pi f_\Delta t - 2\pi f_\Delta \tau + \Delta\varphi_{\rm t})}{\rm e}^{j\phi_{n+P}-j\phi_n}) \quad (3.32)$$

$$C_2(P,\Delta\varphi_{\rm t},t) = \sum_{m=0}^{M-P-1}({\rm e}^{jm(2\pi f_\Delta t - 2\pi f_\Delta \tau + \Delta\varphi_{\rm t})}{\rm e}^{j\phi_m-j\phi_{m+P}}) \quad (3.33)$$

$$C(P,\Delta\varphi_{\rm t},t) = \sum_{n=0}^{M-P-1}({\rm e}^{jn(2\pi f_\Delta t - 2\pi f_\Delta \tau + \Delta\varphi_{\rm t})}) \quad (3.34)$$

于是有

$$z_h'(\Delta\varphi_{\rm t},f_{\rm d},t) = \chi(0,f_{\rm d},t)C(0,\Delta\varphi_{\rm t},t) +$$

$$\sum_{p=0}^{M-1}\{\chi(p,f_{\rm d},t){\rm e}^{-jp\varphi_{\rm t}}{\rm e}^{-j2\pi pf_\Delta\tau}C_1(P,\Delta\varphi_{\rm t},t)\} +$$

$$\sum_{p=-1}^{1-M}\{\chi(p,f_{\rm d},t){\rm e}^{-jp\varphi_{\rm t0}}{\rm e}^{-j2\pi pf_\Delta t}C_2(P,\Delta\varphi_{\rm t},t)\} \quad (3.35)$$

注意不同失配阶数 p 决定的互模糊函数的峰值完全不重叠，于是获得如下近似表达：

$$|z_h'(\Delta\varphi_{\rm t},f_{\rm d},t)|$$

$$\approx \begin{cases} |\chi(p,f_{\rm d},t)||C_1(P,\Delta\varphi_{\rm t},t)| & (t\in t\in Q\cap Q_p;p=1,2,\cdots,M-1) \\ |\chi(0,f_{\rm d},t)||C(0,\varphi_{\rm t},t)| & (t\in Q\cap Q_0;P=0) \\ |\chi(p,f_{\rm d},t)||C_2(P,\Delta\varphi_{\rm t},t)| & (t\in Q\cap Q_p;p=-1,-2,\cdots,1-M) \end{cases}$$

$$(3.36)$$

式(3.36)允许分段研究综合信号的特性。

必须注意，式(3.36)的表达并没有覆盖时间区间 Q，其补区间可写成

$$\overline{Q} = (\bigcup_{p=1-M}^{M-1}[\tau-(pf_\Delta+f_{\rm d})T_p/B_{\rm s}+0.5/B_{\rm s},\tau-$$

$$((p+1)f_\Delta + f_d)T_p/B_s - 0.5/B_s]) \cap Q \qquad (3.37)$$

在式(3.24)成立的前提下,该区间显然不为空。但是,这些区间中各分量的幅度均较小,不会形成较大的信号尖峰。因此,不为我们所关注,后面的仿真将说明这一点。

为了解综合信号的时域特性,值得关注上面定义的若干个求和函数。

注意到这几个多频信号求和函数只有初始相位的差异,并且这种差异只与不同发射通道专门设定的发射初相有关,当使用的发射初相完全相同,也就是 ϕ_n 取与 n 无关的常数时,有

$$e^{j\phi_{n+P} - j\phi_n} = e^{j\phi_n - j\phi_{n+P}} = 1$$

此时,显然有

$$C_1(P, \Delta\varphi_t, t) = C_2(P, \Delta\varphi_t, t) = C(P, \Delta\varphi_t, t) \qquad (3.38)$$

可以看出,求和函数 $C(P, \Delta\varphi_t, t)$ 具有相当的代表性,特别是它与模糊函数 $\chi(0, f_d, t)$ 一起决定了综合信号主瓣的特性,值得我们认真研究。利用等比数列求和公式可得

$$C(P, \Delta\varphi_t, t) = e^{j\frac{M-P-1}{2}(2\pi f_\Delta t - 2\pi f_c \Delta\tau_t - \Delta\varphi_t)} \frac{\sin\left(\dfrac{M-P-1+1}{2}(2\pi f_\Delta t - j2\pi n f_\Delta \tau - \Delta\varphi_t)\right)}{\sin\left(\dfrac{1}{2}(2\pi f_\Delta t - j2\pi n f_\Delta \tau - \Delta\varphi_t)\right)}$$

$$(3.39)$$

求模取其幅度包络,有

$$|C(P, \Delta\varphi_t, t)| = \left| \frac{\sin\left(\dfrac{M-P}{2}(2\pi f_\Delta t - 2\pi f_\Delta \tau - \Delta\varphi_t)\right)}{\sin\left(\dfrac{1}{2}(2\pi f_\Delta t - 2\pi f_\Delta \tau - \Delta\varphi_t)\right)} \right| \qquad (3.40)$$

可以看出,$|C(P, \Delta\varphi_t, t)|$ 为典型的离散 sinc 函数形式。它还有如下基本特点:

(1) 给定 $\Delta\varphi_t$,$|C(P, \Delta\varphi_t, t)|$ 的周期为 $1/f_\Delta$,与阶数 p 无关。

(2) $|C(P, \Delta\varphi_t + \psi, t)| = |C(P, \Delta\varphi_t, t - \psi/(2\pi f_\Delta))|$,说明随着角度的变化,$|C(P, \Delta\varphi_t, t)|$ 的图像不会发生变化,只会在时间轴上发生偏移。

图3.2 给出了 $\Delta\varphi_t$ 不同情况下,离散 sinc 函数的变化情况。可看出,随着 $\Delta\varphi_t$ 的不断变化,函数图形保持完全一致的形状,只是在时间轴上出现随 $\Delta\varphi_t$ 而变化的平移,$\Delta\varphi_t = 2\pi$ 时的幅度图形与 $\Delta\varphi_t = 0$ 时是完全一致的。

(3) $|C(P, \Delta\varphi_t, t)|$ 的峰值位置为

$$t = \frac{\Delta\varphi_t}{2\pi f_\Delta} + \tau + \frac{k}{f_\Delta} \qquad (3.41)$$

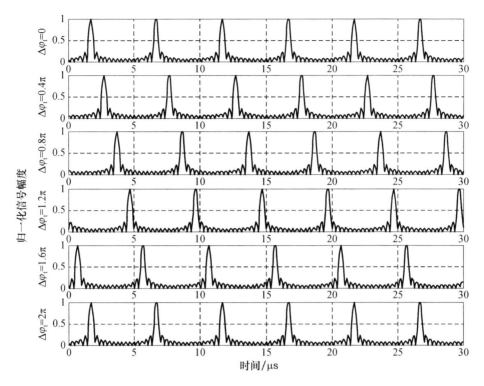

图 3.2 离散 sinc 函数图像随 $\Delta\varphi_t$ 变化规律图像

借助(2)的相关结论,可拓展 $\Delta\varphi_t$ 的定义区间。因为 k/f_Δ 只代表 $|C(P,\Delta\varphi_t,t)|$ 的周期特性,扩展 $\Delta\varphi$ 定义范围后可直接消去该项,所以可以将式(3.41)写成比较简单的形式,即

$$t = \tau + \Delta\varphi_t/(2\pi f_\Delta) \tag{3.42}$$

值得说明的是,对使用同一频率的常规发射阵列,$\Delta\varphi_t$ 的取值范围受到单元间隔的限制,不能超过 $\pm 2\pi d/\lambda_c$ 的范围。但对使用步进频率正交频分复用(OFDM)信号的双基地分布式相参雷达而言,和函数相位项中 $2\pi f_\Delta \tau$ 的存在给 $\Delta\varphi$ 的耦合作用,等效于发射导向矢量上叠加进额外的线性相位,使得能"遇到"的单元相位差远远超出物理约束所限制的定义区间。这种耦合作用也可从推导过程中看出。

考虑 $|C(P,\Delta\varphi_t,t)|$ 的上述特性,可以用圆柱坐标系中表达失配阶数 p 给定时函数的图像表示,由于它在圆柱坐标系中 $|C(P,\Delta\varphi_t,t)|$ 表现为螺纹形状,因此称为螺纹函数。为直观表达该函数的特征,可以绘制出螺纹函数峰值线在圆柱坐标系中的图形,显然它表现为螺旋线的形状,如图 3.3 所示。

(4)对给定的 P 和 $\Delta\varphi_t$,$|C(P,\Delta\varphi_t,t)|$ 每个尖峰的 -4dB 时间宽度为

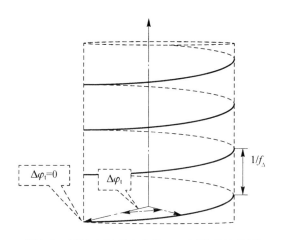

$$图 3.3 \quad 圆柱坐标系中离散 sinc 函数的峰值图$$

$$t_\Delta = 1/B_\Delta \tag{3.43}$$

式中

$$B_\Delta = (M - P)f_\Delta \tag{3.44}$$

◼ 3.4　多普勒－距离－方向耦合效应及应用

根据前面的讨论阶数 $p = 0$ 对应的若干分量决定综合信号的主瓣,可得

$$|z_h'(\Delta\varphi_t, f_d, t)| \approx |\chi(0, f_d, t)| |C_0(\Delta\varphi_t, t)| \quad (t \in Q_0) \tag{3.45}$$

由前面讨论可知,一般情况下,有 $B_s < Mf_\Delta$,当 M 很大时,有

$$B_s \ll Mf_\Delta \tag{3.46}$$

于是 $|C_0(\Delta\varphi_t, t)|$ 的主瓣将远小于 $|\chi(0, f_d, t)|$,仅从幅度调制的意义上,可以认为是 $|C_0(\Delta\varphi_t, t)|$ 切割了与方向无关的 $|\chi(0, f_d, t)|$,于是综合信号时间主瓣的宽度近似由 $|C(0, \Delta\varphi_t, t)|$ 决定。

图 3.4 将最终综合信号的幅度输出(图(c))与相关的成分进行了对比。其中图 3.4(a)是一个发射信号与接收信号匹配的结果 $|y_{h,0}(t)|$;图 3.4(b)是对应的离散 sinc 函数。对比可以看出,离散 sinc 函数对单个通道匹配输出调制的结果。

$|C(0, \Delta\varphi_t, t)|$ 在圆柱坐标系中呈现螺纹形状,因此随着角度的变化,合成的综合信号的主瓣位置随着角度发生变化。在图 3.4 仿真条件下修改 $\Delta\varphi_t = \pi/2$ 得到的结果如图 3.5 所示。

对比可以看出,当等效发射波束指向偏离目标实际方位时,离散 sinc 函数在时间轴上的移动,使最终得到的综合信号的距离偏离了目标的实际距离,偏离程度与发射波束偏离程度以及离散 sinc 函数的周期有关。

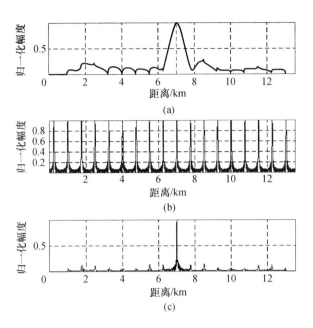

图 3.4　单个发射信号匹配输出、离散 sinc 函数、
最后综合信号之间的对比（$\Delta\varphi_t = 0$）（见彩图）

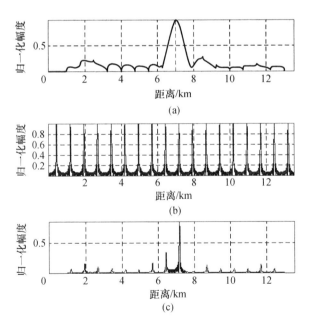

图 3.5　单个发射信号匹配输出、离散 sinc 函数、
最后综合信号之间的对比（$\Delta\varphi_t = \pi/2$）（见彩图）

正是由于 $|C(0,\Delta\varphi_{\mathrm{t}},t)|$ 的角度 – 距离耦合现象,在偏离目标实际位置很大的角度范围均存在比较明显的信号峰值。为更直观地观察综合信号的特性,可先固定 f_{d},把 $|\chi(0,f_{\mathrm{d}},t)|$ 也画到圆柱坐标系中。由于 $|\chi(0,f_{\mathrm{d}},t)|$ 与角度无关而在时间轴上呈现 sinc 函数的形状,因此 $|\chi(0,f_{\mathrm{d}},t)|$ 在圆柱坐标系中呈现为垂直于时间轴 t 的圆盘形状,圆盘厚度为 $1/B_{\mathrm{s}}$。如前面所述,被螺纹函数 $|C(0,\Delta\varphi_{\mathrm{t}},t)|$ 调制后,得到的主瓣存在明显的距离 – 角度耦合现象。

当然,受 $|\chi(0,f_{\mathrm{d}},t)|$ 影响,综合信号的峰值只能在区间 Q_0 上表现出来,综合信号主瓣在时间上的分布范围就是 Q_0。而 $|C(0,\Delta\varphi_{\mathrm{t}},t)|$ 和 $|\chi(0,f_{\mathrm{d}},t)|$ 联合作用的结果,使得综合信号在角度上的分布范围也受到限制(尽管它可能超过 2π)。

综合信号在角度上的分布范围显然和螺旋线随角度和时间的变化以及模糊函数 U_3 的主瓣宽度 $1/B_{\mathrm{s}}$ 有关,记等效发射波束形成时综合信号主瓣的 $-4\mathrm{dB}$ 分布范围为 $\Delta\varphi_{\mathrm{M}}$,于是有

$$\Delta\varphi_{\mathrm{M}} = 2\pi f_{\Delta}/B_{\mathrm{s}} \qquad (3.47)$$

完全类似的思路,可获得主瓣信号在角度方向的宽度,即

$$\Delta\varphi_{\Delta} = \frac{2\pi}{M-P} \qquad (3.48)$$

图 3.6 给出了综合信号在时间、角度方向的分布范围,以及综合信号时间、角度主瓣的关系。

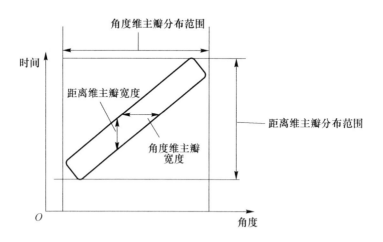

图 3.6 综合信号在时间、角度方向的分布范围以及综合信号时间、角度主瓣的关系

进一步分析可知:当 $f_{\mathrm{d}} = 0$ 时,$|\chi(0,f_{\mathrm{d}},t)|$ 和 $|C(0,\Delta\varphi_{\mathrm{t}},t)|$ 均在 $t = \tau$ 位置上取得最大值,该点也成为综合信号的最高峰值所在;当 f_{d} 变化时,圆柱坐

标系中 $|\chi(0,f_{\mathrm{d}},t)|$ 决定的圆盘也沿时间轴上下移动,综合信号的主瓣如蚯蚓一样沿着 $|C(0,\Delta\varphi_{\mathrm{t}},t)|$ 决定的螺旋线上下游动,其角度或时间范围则基本维持不变,但存在的时间和角度区间会随着目标速度发生连续的变化。由此可看出,使用 SFDLFM 信号时,综合信号的多普勒 – 距离 – 角度的耦合关系。

目标实际存在角度空间只有 $180°$,但在圆柱坐标系观察时,目标信号出现的范围很容易超出这一范围,这正是由于角度 – 距离耦合导致的。其根本原因是使用 OFDM 信号时频率差异对方向矢量的干扰,正如前面所述。

换个角度讨论:固定角度偏差 $\Delta\varphi_{\mathrm{t}}$ 时,由于 $|\chi(0,f_{\mathrm{d}},t)|$ 的峰值随多普勒移动,而 $|C(0,\Delta\varphi_{\mathrm{t}},t)|$ 基本不动,两者的峰值位置将会发生相对移动,最终导致该方向上合成信号的幅度下降。当相对移动超过模糊函数时间主瓣的 $1/2$ 时,合成信号的幅度将下降 4dB。由此得到合成信号幅度损失小于 -4dB 的最大多普勒频率为

$$f_{\mathrm{dmax1}} = \frac{1}{2T_{\mathrm{p}}} \tag{3.49}$$

由于 $|C(0,\Delta\varphi_{\mathrm{t}},t)|$ 在时间轴上的周期性特点,当相对移动等于 $1/f_{\Delta}$ 时,将意味着两者的峰值再次对准,从而再次形成新的峰值,如忽略 $|\chi(0,f_{\mathrm{d}},t)|$ 的损失(注意前提条件是 $f_{\Delta} \gg B$),则峰值幅度近似等于目标速度为 0 时的综合信号幅度,但距离上已经发生了偏离。这是一种特殊的距离模糊现象。因此,式(3.49)并不是真正意义上的多普勒频率极限,也可理解为 OFDM 信号所特有的主瓣分裂现象。在后面分析中,把 $|C(0,\Delta\varphi_{\mathrm{t}},t)|$ 作用下模糊函数分裂多余出来的非最大峰值看成一类特殊的旁瓣。

图 3.7 给出了 $\Delta\varphi_{\mathrm{t}} = \pi/2$、$v = 500\mathrm{m/s}$ 时单个发射信号匹配输出、离散 sinc 函数、最后综合信号之间的对比。仿真其余参数与前面仿真图完全相同,可以看见主瓣发生了分裂。

进一步拓展讨论的范围,允许多普勒频率和角度偏差任意变化,此时 $|\chi(p,f_{\mathrm{d}},t|$ 和 $|C(0,\Delta\varphi_{\mathrm{t}},t)|$ 虽然存在相对移动,在某个角度上会出现综合信号峰值消失的现象,但是,从圆柱坐标系中看时会有新的发现。这是因为在圆柱坐标系中与 t 垂直的圆盘和绕着 t 轴的螺旋线总有交点,如果不约束角度偏离程度,则最大峰值总是存在,只是未必出现在目标信号到达的角度。由此可得最大峰值的角度位置:

$$\Delta\varphi_{\mathrm{peak}} = -2\pi f_{\Delta} T_{\mathrm{p}} \frac{f_{\mathrm{d}}}{B_{\mathrm{s}}} \tag{3.50}$$

最大峰值的角度位置随着多普勒频率的变化而改变,这也是机载分布式相参射频探测系统使用 SFDLFM 信号时多普勒 – 距离 – 发射波束角度耦合的另一种表现形式。这种耦合可这样理解,使用 LFM 信号时,目标多普勒频率

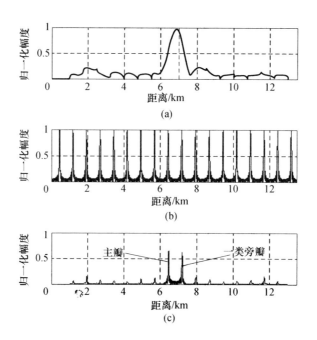

图 3.7　单个发射信号匹配输出、离散 sinc 函数、
最后综合信号之间的对比（$\Delta\varphi_t = \pi/2, v = 500\mathrm{m/s}$）（见彩图）

的存在导致匹配信号峰值的移动（多普勒频率和距离的耦合），而由于螺纹函数的效用，匹配信号峰值的移动将导致综合信号峰值在角度上的偏移（距离－角度耦合）。

　　与常规雷达使用 LFM 信号时存在的多普勒－距离耦合现象一样，这种多普勒－距离－角度耦合现象无疑将降低目标的分辨能力，包括发射角度、目标速度分辨能力。但从另外一个角度说，分辨力的下降也给目标的检测带来一定的好处，能实现空域搜索的降维处理。这种降维处理对降低搜索处理计算量，提高系统的实时处理能力具有实用价值。

　　由于

$$z_h(\Delta\varphi_t, f_d, t) = \sum_{l=0}^{M-1} \left\{ \left[p_{hl}(t) \otimes U_l^*(-t) \right] e^{jl\varphi_{t0}} \right\}$$

$$= p_{hl}(t) \otimes \left[\sum_{l=0}^{M-1} U_l^*(-t) e^{jl\varphi_{t0}} \right] \tag{3.51}$$

即"匹配滤波输出求和"等效于"用和信号匹配滤波"。于是，接收匹配滤波及 DBF 处理结构可大大简化。简化之前和之后的接收处理结构分别如图 3.8 和图 3.9 所示。

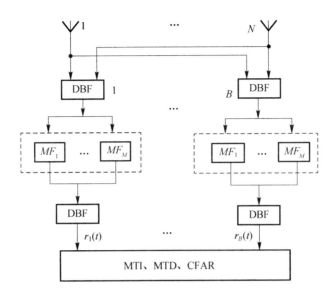

图 3.8　简化之前的接收处理结构

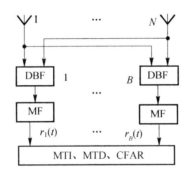

图 3.9　简化之后的接收处理结构

利用多普勒 – 距离 – 角度耦合特性,去掉了"等效发射波束形成",或者可以看成等效发射波束形成均指向 0°方向;每一个接收波束通道后的 M 个匹配滤波器简化为 1 个,采用 M 个正交分量的和信号进行匹配滤波。

根据前面分析可知,当 $f_{\Delta} = B_{\rm s}$ 时,有

$$\Delta \varphi_M = 2\pi \tag{3.52}$$

即综合信号主瓣散布范围刚好达到 2π,一个通道就可以覆盖所有的角度范围。当模糊函数的峰值位于两个离散 sinc 函数的峰值正中间时,综合信号主瓣分裂成两个等宽等幅的脉冲,信号能量的损失为 4dB。如果不能接受这个损失,则可修改子带宽度和通道频率间隔,或使用多个方向通道并行处理(不一定是硬件通道),根据能容忍的信号损失程度合理选择并行通道的数量。

3.5　旁瓣特性与抑制

在完成综合信号主瓣特性分析后,还需分析其旁瓣特性。其影响与一般雷达中对接收信号进行匹配滤波后存在的旁瓣效应类似,会导致大目标对小目标的遮蔽效应。

首先讨论发射初相完全相同的情况。当 $p \neq 0$ 时, $|\chi(p, f_\mathrm{d}, t)|$ 表征的是不同发射信号的互相关,可以利用完全相同的方法,在圆柱坐标系中讨论两者的相互作用,并进一步研究综合信号的特点。当然,随着阶数 p 的不同,对综合信号关注的时间区间也不相同。但对任意的 p , $|C(P, \Delta\varphi_\mathrm{t}, t)|$ 具有非常类似的特点,包括完全相同的周期和主旁瓣特性,主要的差异是,随着 p 的变化,其峰值宽度也会发生变化。

并非 $p \neq 0$ 时才有旁瓣存在,如前面所述,当 $p = 0$ 决定的主瓣由于距离 – 角度耦合现象导致角度分布范围超过 2π 时,有些角度上将出现由 $|C(0, \Delta\varphi_\mathrm{t}, t)|$ 和 $|\chi(0, f_\mathrm{d}, t)|$ 导致的主瓣分裂现象,此时将产生一类特殊的旁瓣。

3.5.1　旁瓣分类

根据旁瓣来源,对其做如下分类:

(1) 由 $|\chi(0, f_\mathrm{d}, t)|$ 的主峰被 $|C(0, \Delta\varphi_\mathrm{t}, t)|$ 调制出的主旁瓣(或称一类旁瓣)。

当 $|\chi(0, f_\mathrm{d}, t)|$ 的主瓣宽度超过周期时,综合信号将出现主瓣分裂现象,若将幅度高的看成主瓣信号,同时只能将低的看成一种旁瓣,这些旁瓣称为一类旁瓣。它来自于机载分布式相参射频探测系统使用 OFDM 信号时特有的主瓣分裂现象。

不出现一类旁瓣的充要条件是模糊函数的主峰不会出现被螺纹函数多次切割的情况,该条件是 $\Delta\varphi_M = 2\pi f_\Delta / B_\mathrm{s} < 2\pi$ 。即

$$B_\mathrm{s} > f_\Delta \tag{3.53}$$

实际上,由于 $1/B_\mathrm{s}$ 仅是脉冲信号的 $-4\mathrm{dB}$ 宽度,因此,一类旁瓣不存在的条件要严格得多,一般要放宽 1 倍,即实际条件应为

$$B_\mathrm{s} > 2f_\Delta \tag{3.54}$$

实现信号分离时,如果采用匹配滤波的办法进行加权处理以控制旁瓣,则获得的宽度将大大超过 $1/B_\mathrm{s}$ 。比如,海明加权可以使主瓣宽度增加 40% ,限制一类旁瓣的出现将需要更严格的条件。

(2) 由 $p \neq 0$ 决定的主峰被 $|C(p, \Delta\varphi_\mathrm{t}, t)|$ 调制出的次主旁瓣(或称二类

旁瓣）。

不出现该类旁瓣的必要条件是 $p \neq 0$ 时,互模糊函数 $|\chi(p, f_d, t)|$ 的主瓣出现在 $[\tau - T_p, \tau + T_p]$ 之外,所以有

$$\tau - T_p[pf_\Delta + f_d]/B_s \notin Q \tag{3.55a}$$

或

$$|pf_\Delta + f_d| > B \tag{3.55b}$$

由式(3.55)还可以知道,给定 B 和 f_Δ 时实际出现的次主峰数量和二类旁瓣的出现情况。

(3) 由 $|\chi(p, f_d, t)|$ 中的普通旁瓣被 $|C(p, \Delta\varphi_t, t)|$ 调制后得到的旁瓣(或称三类旁瓣)。

三类旁瓣的特点是分布在一、二类旁瓣之外的所有区域。

使用完全相同或线性排列的初相时,与主瓣的情况类似,二类旁瓣也具有距离 – 角度的耦合特征,当二类旁瓣存在时,也可以通过其他参数的控制使二类旁瓣的幅度受到一定程度的限制。

值得注意的是条件(1)和(2)是互相矛盾的,说明使用 OFDM 信号并使用线性的发射相位时,不可能同时消除一、二类旁瓣,这增加了选择搜索信号参数的难度。

3.5.2　随机初相分布对旁瓣的影响

发射脉冲中引入随机的初始相位,不仅可以消除增大发射信号时宽带宽积时存在的距离栅瓣效应,也可以用来消除距离 – 方向耦合栅瓣。因此考虑通过引入随机初相,抑制二类旁瓣甚至三类旁瓣。由定义可看出 $C_1(P, \Delta\varphi_t, t)$ 中随机相位项的存在,将导致 $C_1(P, \Delta\varphi_t, t)$ 无法构成高的幅度峰值,这将最终导致二类旁瓣幅度下降,旁瓣下降的程度受相位分布特点的影响。

不过,依然有

$$C_1(P, \Delta\varphi_t + \psi, t) = C_1(P, \Delta\varphi_t, t - \psi/(2\pi f_\Delta)) \tag{3.56}$$

说明 $C(P, \Delta\varphi_t, t)$ 中的距离 – 角度耦合特性,在 $C_1(P, \Delta\varphi_t, t)$ 里依然保留。

再关注一类旁瓣,注意到 $C_1(0, \Delta\varphi_t, t)$ 与信号的初相无关,因此,初相改变不会改变一类旁瓣的存在和分布情况。

3.5.3　发射频率排列对旁瓣的影响

本章的仿真结果表明,发射频率的排列方式对一类旁瓣的特性也有显著影响,这与一类旁瓣的特点有关系。事实上,一类旁瓣的存在依赖于距离 – 方

向耦合特性,本质上源于发射阵列使用步进频率时,不同发射通道的信号随时延变化而产生的额外线性相位,这一附加的线性相位干扰了目标相对于发射方向的导向矢量。若改变发射通道起始频率的排列方式,则同一时延间隔导致的不同发射信号的附加相位不再随发射通道线性变化,而变成随机的相位序列。这一基本特点的变化,导致最终的综合信号中方向 – 距离耦合效应的消失,一类旁瓣的存在情况也同样发生变化。

3.5.4 信道间隔和子带宽度参数对旁瓣的影响

3.1 节至 3.5 节的分析结果表明,SFDLFM 综合信号的主要特性由 LFM 模糊函数和螺纹函数联合决定,只是不同阶数的螺旋函数和模糊函数决定了时间轴上不同阶段的特性而已。由于不同信道模糊函数的峰值位置由子带带宽、雷达脉冲宽度、信道间隔决定,而螺纹函数只由信道间隔决定,因此调整三种参数就可以有效调整螺纹函数和互模糊函数峰值之间的关系。在旁瓣幅度特性由模糊函数和螺纹函数共同决定的前提下,改变信号参数自然对旁瓣的分布特性有一定的影响。不过,由于在圆柱坐标系中与 t 轴垂直的圆盘和绕着 t 轴的螺旋线总有交点,通过参数控制旁瓣的方法只能改变旁瓣存在的角度范围。

▌3.6 步进频信号特性

多个发射信号的存在使得机载分布式相参射频探测系统综合信号时域特性的分析比常规雷达复杂很多,为表达对综合信号特性的分析思路,前面已经给出了一些仿真结果,本节在此基础上分析随机相位的作用以及一、二类旁瓣的变化特性,并初步观察随机排列时综合信号的基本特性,通过仿真进一步验证分析结论。

3.6.1 随机相位与信号空间合成

与常规相控阵不同,搜索状态下机载分布式相参射频探测系统不希望各发射通道的信号在空间出现综合干涉效应,这将会影响发射能量在空间和时间上的分布,最终影响机载分布式相参射频探测系统的正常工作,因此必须首先关注发射脉冲在空间的综合情况。

图 3.10 给出了不同情况下空间综合信号的情况。使用的仿真条件(条件1):子带宽度 = 通道间隔 0.2MHz;雷达周期 $T = 90\mu s$;发射脉冲宽度 $T_p =$

$40\mu s$；发射通道数量 $M=16$；发射载频 $f_c=2000\mathrm{MHz}$；采样周期 $T_s=0.05\mu s$。

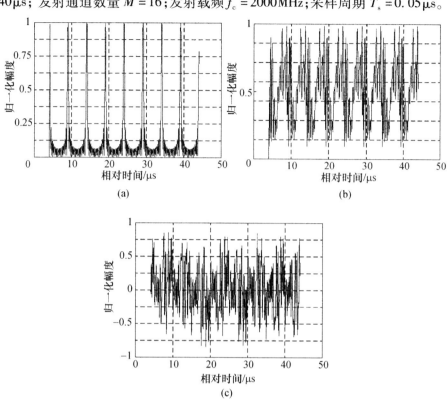

图 3.10 不同初相分布情况下空间信号合成情况

图 3.10(a)为按线性初相进行综合后得到的信号,可以看到尽管不同通道的发射信号之间满足正交性,但合成信号依然呈现明显的周期性峰值,这会影响正交信号序列的有效使用,特别是增大对接收机的动态范围的需求。图 3.10(b)给出了在每个发射信号中插入均匀分布的随机初相后,接收信号综合的情况,可以看出信号幅度变得均匀,最大峰值显著下降。图 3.10(c)为合成信号的实部,可以看出空间实际观察到的合成信号非常类似于随机噪声。

上述仿真结果表明,在机载分布式相参射频探测系统发射信号中引入随机发射初相是使到达目标的综合信号幅度变得均匀的有效途径,此时空间综合得到的信号非常接近于随机白色噪声,在雷达信号抗截获上具有非常独特的优势,同时降低了接收机动态范围的需求。

3.6.2 单接收单元匹配输出

在条件 1 的基础上,假设目标相对于发射阵列斜距 $R_t=7000\mathrm{m}$,接收阵列

斜距 $R_\mathrm{r}=7000\mathrm{m}$，并且全部为静止点目标（条件2），得到不同发射通道信号对接收信号的匹配输出如图 3.11 所示。

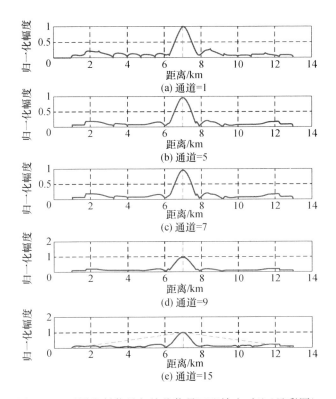

图 3.11 不同发射信号与接收信号匹配输出对比（见彩图）

可以看出，不同发射通道与接收信号匹配后得到的不同输出之间，由 $p=0$ 阶模糊函数决定的主峰是对齐的。改变参数也可以得出 p 等于其他值时次主峰对齐情况。

3.6.3 角度－距离耦合

将所有 16 个通道与接收信号匹配后的结果排列得到的二维信号，在每个时间采样上用快速傅里叶变换（FFT）技术进行处理以实现等效同时多发射波束合成，得到的 16 路信号分别对应于发射波束偏离目标角度（用空间相位差的差 $\Delta\varphi_\mathrm{t}$ 表示）从 0 变化到 $15/8\,\pi$ 时的输出，求模后依次排列成新的二维信号，其等高线如图 3.12 所示。

图 3.13 对比了 $\Delta\varphi_\mathrm{t}=\pi/2$ 时单个发射信号匹配输出、离散 sinc 函数以及综合信号。图 3.14 对比了 $\Delta\varphi_\mathrm{t}=0$ 时单个发射信号匹配输出、离散 sinc 函数

以及综合信号。

从图 3.13 可以看出,角度 - 距离耦合情况和主瓣分裂出现一类旁瓣的情况,以及一类旁瓣和综合信号主瓣互相转化的过程。

当子带宽度小于通道间隔时,不会出现二类旁瓣,但此时一类旁瓣情况显得比较严重,修改条件 2 的仿真参数(条件 3):通道间隔为 0.4MHz,子带宽度为 0.2MHz。图 3.14 对比了 $\Delta\varphi_t = 0$ 时单个发射信号匹配输出、离散 sinc 函数以及综合信号。由图可以看到,主瓣分裂现象比较严重,出现了更多的一类旁瓣。

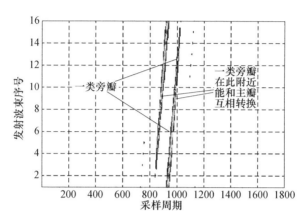

图 3.12　等效发射方向多波束合成后得到的二维信号的等高线(见彩图)

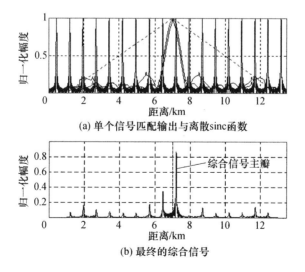

(a) 单个信号匹配输出与离散 sinc 函数

(b) 最终的综合信号

图 3.13　$\Delta\varphi_t = \pi/2$ 时单个发射信号匹配输出、
离散 sinc 函数以及综合信号对比(见彩图)

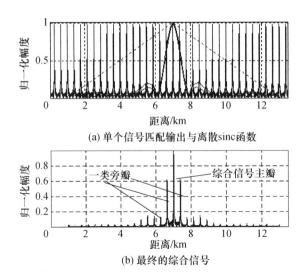

(a) 单个信号匹配输出与离散sinc函数

(b) 最终的综合信号

图 3.14　$\Delta\varphi_t = 0$ 时单个发射信号匹配输出、离散 sinc 函数以及综合信号对比

（通道间隔为 0.4MHz,子带宽度为 0.2MHz）（见彩图）

3.6.4　二类旁瓣及影响因素

在条件 2 的基础上修改参数（条件 4）：通道间隔为 0.2MHz,子带宽度为 0.4MHz。图 3.15 对比了 $\Delta\varphi_t = 0$ 时单个发射信号匹配输出、离散 sinc 函数以及综合信号。此时出现了 $p = 1$ 和 $p = -1$ 对应的二类旁瓣,给出了此时多个发射波束合成得到的二维信号的等高线,如图 3.16 所示。由于主瓣的角度分布范围小于 2π,因此不会出现分裂现象,也就没有出现一类旁瓣的机会。

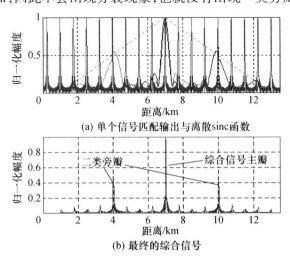

(a) 单个信号匹配输出与离散sinc函数

(b) 最终的综合信号

图 3.15　单个发射信号匹配输出、离散 sinc 函数以及综合信号对比（条件 4）（见彩图）

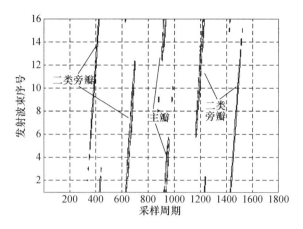

图 3.16　等效发射方向多波束合成后得到的二维信号的等高线(条件 4)

在条件 4 的基础上,使用随机的发射初相(条件 5),图 3.17 对比了 $\Delta\varphi_t = 0$ 时单个发射信号匹配输出、离散 sinc 函数以及综合信号。对比可以看到,使用随机发射初相时二类旁瓣的幅度明显降低。

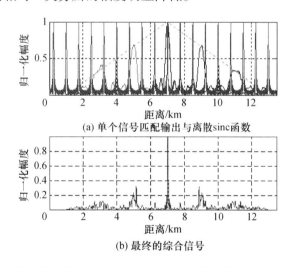

图 3.17　单个发射信号匹配输出、离散 sinc 函数以及综合信号对比(条件 5)(见彩图)

条件 4 的基础上修改参数(条件 6):通道间隔 0.19MHz,子带宽度 0.4MHz。图 3.18 对比了单个发射信号匹配输出、离散 sinc 函数以及综合信号。从图 3.17 和图 3.18 可以看出,二类旁瓣的特性有所改变,图 3.18 的二类旁瓣要稍微小一些。这是离散 sinc 函数和一阶次主峰相对位置分别由不同因素决定,使用不同参数的时候相对位置发生变化导致的结果。

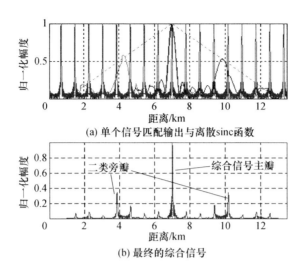

(a) 单个信号匹配输出与离散sinc函数

(b) 最终的综合信号

图3.18　单个发射信号匹配输出、离散 sinc 函数以及综合信号对比(条件6)(见彩图)

3.6.5　目标速度对主瓣的影响

条件 2 的基础上修改目标运动参数(条件7),假设目标相对于发射阵列和接收阵列的速度均为 800m/s。图 3.19 给出了此时多个发射波束合成得到的二维幅度信号的等高线。可以看出,此时主瓣最大值位置发生了偏移,已经不出现在 $\Delta\varphi_t = 0$ 的位置,而是出现在第 10 个发射波束,对应 $\Delta\varphi_t \approx 5\pi/4$ 的位置。

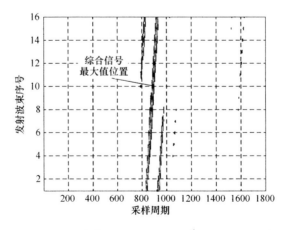

图3.19　等效发射方向多波束合成后得到的二维信号的等高线(条件7)(见彩图)

由于目标速度的存在,主瓣分裂以及一类旁瓣出现的角度条件也发生了变化,可以想象,目标速度对二类旁瓣也有类似的影响。

3.6.6　发射频率随机排列

在条件 2 的基础上,修改发射通道总数为 32,将发射频率随机排列(条件 8),假设目标相对于收发阵列的速度均为 100m/s。所有通道与接收信号匹配得到的结果排列成的二维信号的幅度图像如图 3.20 所示,等效发射方向多波束合成后得到的二维信号的幅度图像如图 3.21 所示。

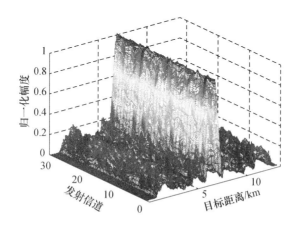

图 3.20　各发射信号与接收信号匹配得到的二维信号求模结果(见彩图)

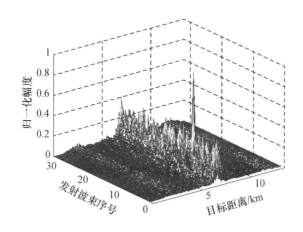

图 3.21　不同发射波束指向的二维综合幅度信号(见彩图)

可以看到,发射频率随机排列后,改变了角度－距离特性,一、二类旁瓣的存在特性也发生了很大改变。

◥3.7 小　　结

　　本章提出了 SFDLFM 波形用于满足分布式相参射频探测系统使用需求，分析了其合成后的综合信号，并对综合信号的互模糊函数特性、螺纹函数特性、多普勒－距离－方向耦合效应等信号的基本特性进行了分析，同时探索了随机相位、发射频率排列对综合信号模糊函数旁瓣特性的影响。

第 **4** 章
系统能量积累方法

　　现有的能量积累方法根据积累方式可分为相参积累、非相参积累两大类。相参积累是指利用信号的相位信息,通过处理,使信号同相叠加以获得最大的信噪比增益的技术。其实现方式是匹配滤波即补偿目标运动引起的回波的调制以达到回波之间相参,然后进行累加,实现信噪比的最大化。非相参积累是指不利用信号的相位关系直接进行叠加的积累技术如幅度累加或数据积累等。

　　相参积累方法需利用运动目标信号的相位信息,进行积累时需考虑目标的运动模型,进行有针对性的相参积累。传统相控阵雷达具有高增益的窄波束,受限于覆盖空域与数据率的矛盾,扫描时波位驻留时间短,以相控阵雷达为例,数据率为 $360(°)/10s$,假设雷达方位波束为 $1.5°$,则对目标的照射时间只有 $42ms$。目标在波束照射时间内基本认为目标运动状态不变,常采用简单的"停 – 跳模型"作为目标运动模型进行回波分析,即假定目标在波位驻留时间内位置、速度均不变。分布式相参射频探测系统则使用"宽泛"波束对区域进行凝视探测,从第 2 章的讨论中可知,在阵列数量、积累脉冲数量相同的前提下,分布式相参射频探测系统信噪比为相控阵的 $1/M$(M 为阵元数),目标在整个覆盖区域内被照射时间是传统相控阵的 M 倍,需将该长时间的能量进行相参积累才能达到相控阵相同的威力。在长时间积累前提下,不能简单认为目标运动过程状态恒定,"停 – 跳模型"不再适用,需根据运动目标的运动学模型,针对性分析其回波特性,为开展长时间相参积累提供信号模型基础。

　　非相参积累方法由于不需要信号的相位信息,其积累获得的信噪比增益要差于相参积累,N 个脉冲非相参积累获得的信噪比增益介于 N 与 $\sqrt{N}$ 之间,当 N 很大时信噪比增益接近 $\sqrt{N}$。由于不需要信号的相位信息,其对信号相位信息无要求,具体实现相比于相参积累条件更宽松,但积累前对信噪比有一定要求。

　　本章从积累效果最好的相参积累入手,对回波能量积累方法进行探讨:首先开展几种典型运动模型下的回波特性分析,并在此基础上分析两种相参积累方法;其次对几种典型非相参积累方法进行介绍;最后开展相参积累与非相参积累方法的对比。

4.1 目标运动模型

目标的运动形式多样,对应的运动学模型也不同,不易建立统一的目标运动学模型,且在实际应用中常出现的运动形式为匀速直线运动、匀加速直线运动以及准匀速运动、准匀加速运动,本章以常见的运动形式为重点入手,通过运动学模型分析,研究凝视模式下长积累时间的运动目标回波在距离维度、多普勒维度上的目标回波模型,为后续能量积累方法研究提供基础。

4.1.1 匀速直线运动模型

以雷达阵列天线中心为原点 O,线阵天线基线方向为 x 轴方向,线阵天线法线方向为 y 轴方向建立笛卡儿坐标系。假定目标在 $t_0 = 0$ 时刻的坐标为 (x_0, y_0),目标做匀速直线运动,速度 $\mathbf{v} = (v_x, v_y)$,目标在 t 时刻的坐标为

$$\begin{cases} x = x_0 + v_x t \\ y = y_0 + v_y t \end{cases} \tag{4.1}$$

目标与雷达距离为

$$r(t) = \sqrt{(x_0 + v_x t)^2 + (y_0 + v_y t)^2} = \sqrt{r_0^2 + (vt)^2 + 2(x_0 v_x + y_0 v_y)t} \tag{4.2}$$

式中

$$r_0^2 = x_0^2 + y_0^2, \quad v_0^2 = v_x^2 + v_y^2$$

目标相对于雷达的径向速度为

$$v_r(t) = \frac{\mathrm{d}r(t)}{\mathrm{d}t} = \frac{1}{r(t)}(v^2 t + x_0 v_x + y_0 v_y) \tag{4.3}$$

$$a_r(t) = \frac{\mathrm{d}v_r(t)}{\mathrm{d}t} = \frac{v^2 - v_r^2(t)}{r(t)} = \frac{v_T^2(t)}{r(t)} \tag{4.4}$$

式中:v_T 为目标的切向速度,$v_T^2(t) = v^2 - v_r^2(t)$。

目标在 t 时刻与雷达线阵方向(x 轴方向)夹角为

$$\varphi(t) = \arctan\left(\frac{y_0 + v_y t}{x_0 + v_x t}\right) \tag{4.5}$$

设定雷达的距离分辨单元为 Δr,多普勒分辨单元为 Δf_d,探测区域宽度为

$\Delta\varphi$,则目标不发生跨距离单元、跨多普勒单元的条件为

$$\begin{cases} \left| r(t) - r(0) \right| < \Delta r \\ 2 \left| v_r(t) - v_r(0) \right| / \lambda_0 < \Delta f_d \\ \left| \varphi(t) - \varphi(0) \right| < \Delta\varphi \end{cases} \tag{4.6}$$

由上式可见,在一般情况下,目标运动是其初始位置(x_0, y_0)、速度$\boldsymbol{v}$及时间t的函数。

下面假设一组系统参数进行目标运动模型仿真分析。为了简便起见,采用 LFM 信号。仿真参数如下:雷达中心载频 $f_c = 3\text{GHz}$,脉冲重复频率 $f_r = 1000\text{Hz}$,采样率为 2MHz,LFM 信号脉宽 $T_p = 75\mu s$,带宽 $B = 2\text{MHz}$,噪声带宽等于 LFM 信号带宽,系统采样率为 2MHz,接收波束宽度为 $10°$。

图 4.1 ～ 图 4.5 给出了仿真参数下三种典型目标匀速运动的径向距离、多普勒频率、方位角随时间变化的曲线。

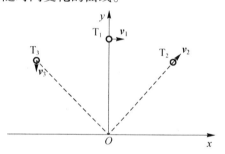

图 4.1　三种典型目标的运动示意图

如图 4.1 所示,目标 T_1、T_2、T_3 的初始距离均为 100km,速度均为 600m/s,它们初始位置、速度方向有所差别。具体地,目标 T_1 为切向匀速直线运动目标,目标初始位置为 $(0, 100\text{km})$,速度 $\boldsymbol{v} = (600\text{m/s}, 0)$,目标 T_2 为径向匀速直线运动目标,目标初始位置为 $(50\sqrt{2}\text{km}, 50\sqrt{2}\text{km})$,速度 $\boldsymbol{v} = (300\sqrt{2}\text{m/s}, 300\sqrt{2}\text{m/s})$,目标 T_3 为一般情况,目标初始位置为 $(-50\sqrt{2}\text{km}, 50\sqrt{2}\text{km})$,速度为 $\boldsymbol{v} = (0, -600\text{m/s})$。

图 4.2 给出了目标 $T_1 \sim T_3$ 的距离在系统积累时间内变化的情况。目标 $T_1 \sim T_3$ 的速度绝对值均为 600m/s,与雷达的初始距离均为 100km。在短时间内,目标 $T_1 \sim T_3$ 均位于距离单元内。但随着时间增长,尽管目标均做航向匀速运动,但目标速度方向不同,目标的径向距离随时间变化曲线有明显不同。目标 T_1 为切向匀速运动,其跨越的距离单元只有不到 4 个,但径向距离随时间变化是不均匀的。而目标 T_2 沿径向做匀速直线运动,在系统设定的最大积

累时间内,距离随时间的变化是均匀的。目标 T_3 的速度在 $t=0$ 时刻与径向距离夹角为 32°,其距离变化情况与径向匀速相似。

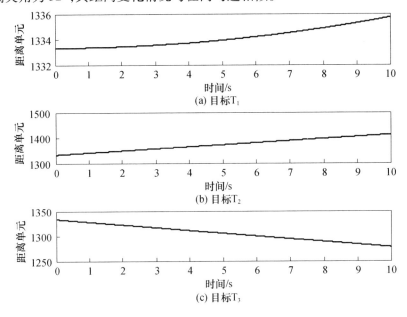

图 4.2　目标 $T_1 \sim T_3$ 的距离随时间变化曲线

图 4.3 给出了目标 $T_1 \sim T_3$ 的多普勒频率随时间的变化情况。在短时间内,目标 $T_1 \sim T_3$ 的多普勒频率均可认为在一个分辨单元内。但随着时间增长,尽管目标均做航向匀速运动,但受目标切向速度分量影响,目标的多普勒频率随时间发生明显变化。目标 T_1 为切向匀速运动,在本系统参数下及积累时间内,其多普勒频率变化近似为线性的。而目标 T_2 沿径向做匀速直线运动,在系统设定的最大积累时间内,其多普勒频率无变化。目标 T_3 的速度在 $t=0$ 时刻与径向距离夹角为 32°,其多普勒频率变化情况与 T_1 相近,也可视为线性变化。

对式(4.2)进行泰勒展开,可得

$$r(t) = r_0 \sqrt{1 + \left(\frac{vt}{r_0}\right)^2 + 2\left(\frac{x_0 v_x + y_0 v_y}{v r_0}\right)\left(\frac{vt}{r_0}\right)}$$

$$= r_0 \sqrt{1 + \left(\frac{vt}{r_0}\right)^2 + 2\left(\frac{vt}{r_0}\right)\cos\alpha}$$

$$\approx r_0 \left(1 + \frac{v\cos\alpha}{r_0}t + \frac{v^2\sin^2\alpha}{2r_0^2}t^2\right)$$

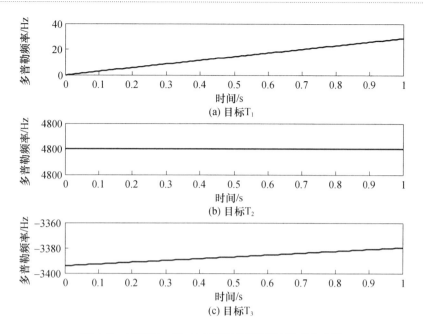

图 4.3　目标 $T_1 \sim T_3$ 的多普勒频率随时间变化曲线

$$= r_0 + v\cos\alpha + \frac{v^2\sin^2\alpha}{2r_0}t^2 \tag{4.7}$$

式中：α 为速度与初始距离矢量的夹角，满足 $\cos\alpha = \dfrac{\boldsymbol{v}\boldsymbol{r}_0}{vr_0}$。

因此，瞬时径向速度为

$$v_r(t) = v\cos\alpha - \frac{v^2\sin^2\alpha}{r_0}t \tag{4.8}$$

可见，目标瞬时多普勒频率的调频率正比于 $t=0$ 时刻的目标切向速度分量的平方。目标瞬时多普勒的中心频率正比于 $t=0$ 时刻的目标径向速度分量。图 4.4 给出了式(4.8)的近似结果与多普勒频率真实值的差值情况。可以看到，频率误差小于多普勒频率分辨力 1Hz。结果表明，在系统可相参积累的时间内，对非径向匀速运动目标，其多普勒频率可按照一阶线性变化进行近似。

本系统参数中，目标可能的方位角范围为 $-45° \sim 45°$。由于长时间积累所观察的目标为远距离目标，因此，目标切向距离变化对应的方位角变化相对不大。图 4.5 中，目标 $T_1 \sim T_3$ 的方位角变化均在 $4°$ 以内。因此，对于本系统参数及积累时间设置，目标的方位角一般不会发生变化。积累时间进一步增长，目标跨多普勒单元所需要的时间一般远大于目标跨距离单元。

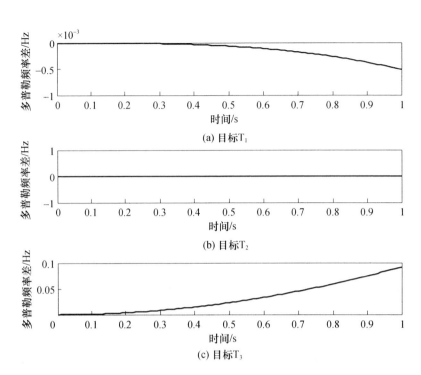

图 4.4　目标 $T_1 \sim T_3$ 实际多普勒频率随时间变化情况与式(4.8)结果比较

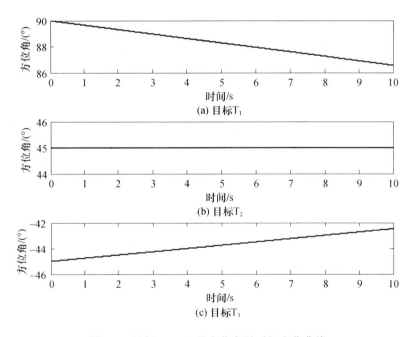

图 4.5　目标 $T_1 \sim T_3$ 的方位角随时间变化曲线

综合上述分析与仿真,对匀速运动目标有如下结论:

(1)严格地,目标径向距离、多普勒频率、方位角均是时变的,它们随时间变化的情况与目标初始位置、目标速度方向与大小相关。

(2)目标发生跨距离单元时间远大于跨多普勒单元的时间。

(3)目标的多普勒频率变化可利用一阶线性曲线近似,其中心频率与 $t = 0$ 时刻径向速度分量成正比,频率变化率(调频率)正比于 $t = 0$ 时刻的切向速度分量的平方。

4.1.2　匀加速直线运动模型

假定目标在 $t_0 = 0$ 时刻的坐标为 (x_0, y_0),目标做匀加速直线运动,速度为 $\boldsymbol{v} = (v_x, v_y)$,加速度 $\boldsymbol{a} = k\boldsymbol{v}$,方向与速度方向在同一直线上,目标在 t 时刻的坐标为

$$\begin{cases} x = x_0 + v_x t + \dfrac{1}{2} k v_x t^2 \\ y = y_0 + v_y t + \dfrac{1}{2} k v_y t^2 \end{cases} \tag{4.9}$$

目标与雷达距离为

$$r(t) = \sqrt{r_0^2 + 2(x_0 v_x + y_0 v_y) t + (k v_x x_0 + k v_y y_0 + v^2) t^2 + k v^2 t^3 + \dfrac{1}{4} k^2 v^2 t^4} \tag{4.10}$$

目标相对于雷达的径向速度和加速度分别为

$$v_r(t) = \dfrac{1}{2r(t)} \left[2(x_0 v_x + y_0 v_y) + 2(k v_x x_0 + k v_y y_0 + v^2) t + 3k v^2 t^2 + k^2 v^2 t^3 \right] \tag{4.11}$$

$$a_r(t) = \dfrac{1}{2r(t)} \left[2(k v_x x_0 + k v_y y_0 + v^2 - v_r^2(t)) + 6k v^2 t + 3k^2 v^2 t^2 \right] \tag{4.12}$$

目标在 t 时刻与雷达线阵方向(x 轴方向)夹角为

$$\varphi(t) = \arctan\left(\dfrac{y_0 + v_y t + \dfrac{1}{2} k v_y t^2}{x_0 + v_x t + \dfrac{1}{2} k v_x t^2} \right) \tag{4.13}$$

设定雷达的距离分辨单元为 Δr,多普勒分辨单元为 Δf_d,探测区域宽度为 $\Delta \varphi$,则目标不发生跨距离单元、跨多普勒单元的条件为

$$\begin{cases} \left| r(t) - r(0) \right| < \Delta r \\ 2 \left| v_r(t) - v_r(0) \right| / \lambda_0 < \Delta f_d \\ \left| \varphi(t) - \varphi(0) \right| < \Delta \varphi \end{cases} \tag{4.14}$$

与匀速运动情况相比,匀加速目标的径向距离、速度、加速度、方位变化的时变特性更为复杂,由初始距离、速度大小与方向、加速度大小与方向共同决定。图 4.6 ~ 图 4.8 给出了三种典型目标匀加速运动的径向距离、多普勒频率随时间变化的曲线,目标运动方向如图 4.1 所示,目标 T_1、T_2、T_3 的初始距离均为 100km,初始速度均为 600m/s,它们初始位置、速度、加速度的方向有所差别。具体地,目标 T_1 为切向匀加速直线运动目标,目标初始位置为 $(0, 100\text{km})$,速度 $v = (600\text{m/s}, 0)$,加速度 $\boldsymbol{a} = (12\text{m/s}^2, 0)$。目标 T_2 为径向匀加速直线运动目标,目标初始位置为 $(50\sqrt{2}\text{km}, 50\sqrt{2}\text{km})$,速度 $v = (300\sqrt{2}\text{m/s}, 300\sqrt{2}\text{m/s})$,加速度 $\boldsymbol{a} = (-3\sqrt{2}\text{m/s}^2, -3\sqrt{2}\text{m/s}^2)$。目标 T_3 为一般情况,目标初始位置为 $(-50\sqrt{2}\text{km}, 50\sqrt{2}\text{km})$,速度 $v = (0, -600\text{m/s})$,加速度 $\boldsymbol{a} = (0, -30\text{m/s}^2)$。

图 4.6 给出了目标 $T_1 \sim T_3$ 的距离在系统积累时间内的徙动情况。目标 $T_1 \sim T_3$ 的速度绝对值均为 600m/s,加速度绝对值为 12m/s^2,与雷达的初始距离均为 100km。在短时间内,目标 $T_1 \sim T_3$ 均仍位于距离单元内。随着时间增长,各个目标的跨距离徙动现象随时间变化情形与匀速运动变化相似。如目标 T_3,加速度设置为 30m/s^2,其距离徙动轨迹仍近似为一条直线。

图 4.7 给出了目标 $T_1 \sim T_3$ 的瞬时多普勒频率在系统积累时间内的变化情况。本系统参数下,设相参积累时间为 1s。目标均做航向匀加速运动,同时考虑目标速度对切向分量的影响,目标的多普勒频率随时间发生明显变化。目标 T_1 为切向匀加速运动,在本系统参数下及积累时间内,其多普勒频率变化近似为线性的。目标 T_2 沿径向做匀加速直线运动,在系统设定的最大积累时间内,其多普勒频率变化较大,达到 48Hz。目标 T_3 的速度在 $t = 0$ 时刻与径向距离夹角为 32°,其多普勒频率变化情况与 T_1 相近,也可视为线性变化。

与匀速运动目标情况类似,仍用泰勒展开对瞬时速度进行近似估计,即

$$v_r(t) \approx v_r(0) + a_r(0)t = v\cos\alpha + (a\cos\alpha + v^2\sin^2\alpha/r_0)t \tag{4.15}$$

上式的估计结果将非径向匀加速目标的速度用一阶近似,实际上是将非径向匀加速运动用径向匀加速度目标进行等价,其径向等价加速度等于加速度的径向分量与速度的切向分量引起的向心加速度之和。图 4.8 给出了式(4.15)对瞬时速度的估计结果与实际值的差别。可以看出,对于加速度不

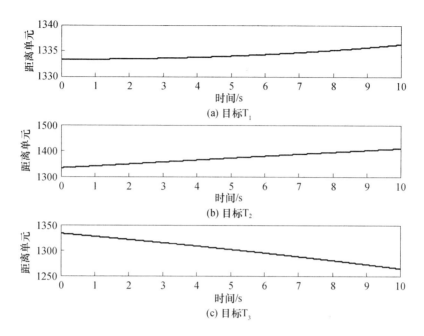

图 4.6　目标 $T_1 \sim T_3$ 的距离随时间变化曲线（匀加速直线）

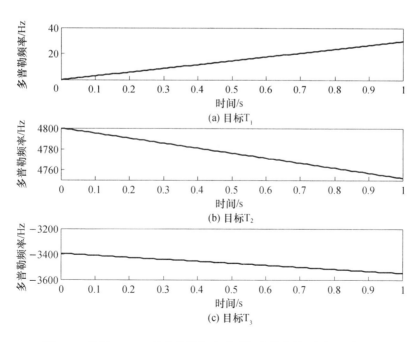

图 4.7　目标 $T_1 \sim T_3$ 的多普勒频率随时间变化曲线（匀加速直线）

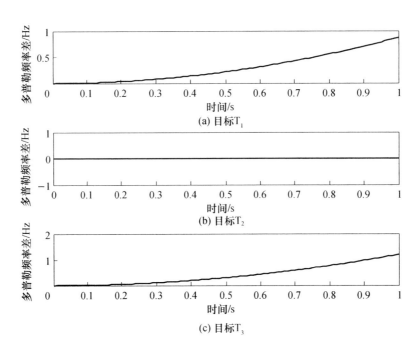

图 4.8　目标 $T_1 \sim T_3$ 的实际多普勒频率随时间变化情况

太大的目标,上述近似的误差在较小范围内。

与式(4.15)估计结果比较,对于本系统参数及积累时间设置,匀加速目标的跨波束一般也需要在秒级以上积累时间或波束宽度更小的设置条件下才会发生。

综合上述分析与仿真,对匀加速运动目标有如下结论:

(1)匀加速目标径向距离、多普勒频率都是时变的,它们随时间变化的情况与目标初始位置、目标速度方向与大小相关。

(2)目标发生跨距离单元时间远大于跨多普勒单元的时间。

(3)目标的多普勒频率变化可利用一阶线性曲线近似,其中心频率与 $t = 0$ 时刻径向速度分量成正比,频率变化率(调频率)正比于 $t = 0$ 时刻的切向速度对应的向心加速度分量与径向加速度分量之和。

4.1.3　准匀速运动与准匀加速运动模型

实际目标的真实运动不可能严格符合上述匀速直线运动与匀加速运动模型进行。因此,为定量估计长时间积累检测方法在实际应用中的性能,本节借鉴雷达数据处理所采用的滤波模型中的驱动噪声方法,建立准平稳运动目标的运动学模型。

若目标严格按照匀速模型或匀加速模型运动,对应的径向距离为 $r_0(t)$,则目标至雷达的实际距离运动建模为

$$r(t) = r_0(t) + \delta r(t) \tag{4.16}$$

式中: $\delta r(t)$ 为距离误差,用以定量表征准平稳运动与平稳运动模型之间的误差,即准平稳运动的距离机动程度。假定 $\delta r(t)$ 为一随机过程。

同样,若目标的径向速度为 $v(t)$,也可以将其建模为

$$v(t) = v_0(t) + \delta v(t) \tag{4.17}$$

式中: $\delta v(t)$ 为速度误差,用以定量表征准平稳运动与平稳运动模型之间的误差,即准平稳运动的速度机动程度。通常也可假定 $\delta v(t)$ 为一随机过程。

显然,准平稳运动的随机特性会使相关算法出现性能的损失。而式(4.16)与式(4.17)中的 $\delta r(t)$ 和 $\delta v(t)$ 的随机特征统计量,如均值、方差等,定量地刻画了准平稳运动的非平稳程度。这为定量研究准平稳运动随机程度与长时间积累算法实际性能之间的关系提供了手段。

■ 4.2　凝视模式下典型类型运动目标的回波特性

本节研究目标回波特性建模,包括运动目标回波及噪声模型。

4.2.1　运动目标回波

常规搜索雷达采用扫描波束,其波束照射目标时间很短。因此,扫描波束的脉冲多普勒雷达动目标的积累检测算法只考虑同一距离单元内不同脉冲的基带回波信号,即

$$s_n = A(t)\exp(\mathrm{j}2\pi f_{\mathrm{d}} n T_{\mathrm{r}}) \tag{4.18}$$

式中: f_{d} 为多普勒频率, $f_{\mathrm{d}} = -2v_r/c\,f_0$; T_{r} 为脉冲发射重复周期; $A(t)$ 为波束扫描中波束方向图对包络的调制。

分布式相参系统采用固定的并行多波束或宽波束覆盖整个感兴趣区域,因此它可长时间积累运动目标回波。回波模型必须能够同时反映目标运动对包络与相位的影响。具体地,假定雷达发送采用单发射单元,接收天线有 L 个阵元的均匀线阵,阵元间距为 d 。设脉冲多普勒雷达每个脉冲发射的基带脉冲信号波形相同,为 $p(\tau)$,其脉冲宽度为 T_{p} ,即

$$p(x) = 0 \quad (x < 0, x > T_{\mathrm{p}}) \tag{4.19}$$

对于窄带搜索雷达,第 $l(l = 0,1,2,\cdots,L-1)$ 个阵元接收的目标回波信号为

$$s(l,n,\tau) = Ap(\tau - 2r(t)/c)\exp(-j4\pi r(t)/\lambda_0) \cdot$$

$$\exp(-j2\pi f_c l\cos\varphi(t)/\lambda_0) \qquad (4.20)$$

式中:t 为时间,$t = nT_r + \tau$;λ_0 为载波中心频率对应波长,$\lambda_0 = c/f_0$;$r(t)$ 与 $\varphi(t)$ 分别为目标在 t 时刻的径向距离与方位角(原点位于 $l = 0$ 号接收阵元位置)。

假定系统形成 $\hat{L}$ 个波束,则第 $\hat{l}$ 个波束的基带信号为

$$s(\hat{l},n,\tau) = A\beta_{\hat{l}}(\varphi(t))p(\tau - 2r(t)/c)\exp(-j4\pi r(t)/\lambda_0) \qquad (4.21)$$

其中波束方向图由各个波束的权值决定,即

$$\beta_{\hat{l}}(\varphi(t)) = \sum_{l=0}^{L-1} \exp(-j2\pi f_c l\cos\varphi(t)/\lambda_0)W_{\hat{l}}(l) \qquad (4.22)$$

由波束形成前后的运动目标回波表达式(式(4.20)与式(4.21))可知,在较长时间内,运动目标通过时变径向距离对相位影响(多普勒频率)、时变径向距离对回波包络延迟及时变方位角对包络调制作用于回波。根据前面的目标运动学分析,方位角较长时间内的变化很小,因此在波束内部进行跨距离与跨多普勒补偿时可认为不变。所以,以后除注明讨论跨波束单元情况外,均不考虑波束方向图的时变影响,即

$$s(n,\tau) = Ap(\tau - 2r(t)/c)\exp(-j4\pi r(t)/\lambda_0) \qquad (4.23)$$

当波形 $p(\cdot)$ 满足窄带假设条件时,目标脉冲内的运动可忽略,即

$$s(n,\tau) = Ap(\tau - 2r(t_n)/c)\exp(-j4\pi r(t_n)/\lambda_0) \qquad (4.24)$$

式中:$t_n = nT_r$。

若目标个数为 I,则目标回波基带信号可表示为

$$s(n,\tau) = \sum_{i=0}^{I-1} A_i p(\tau - 2r_i(t_n)/c)\exp(-j4\pi r_i(t_n)/\lambda_0) \qquad (4.25)$$

式中:A_i 为目标 i 的幅度;$r_i(t_n)$ 为目标 i 的径向距离函数。

分布式相参系统信号处理的基带信号为经采样后的信号。假定采样率为 f_s,则式(4.25)的基带信号经采样后形成二维数据矩阵 S,其元素为

$$s_{nm} = s(n,\tau_m) = \sum_{i=0}^{I-1} A_i p(\tau_m - 2r_i(t_n)/c)\exp(-j4\pi r_i(t_n)/\lambda_0)$$

$$(4.26)$$

式中:$\tau_m = mT_s = m/f_s$。

目标径向距离随时间的变化关系决定了运动目标回波的具体性质及其相应的长时间积累算法。根据 4.1 节分析,无论目标是做匀速运动还是做匀加

速运动,其均可视为径向距离上的匀加速运动。此外,在实际系统中,长时间积累检测主要针对目标之一为远程微弱的来袭目标,这类目标在远程飞行过程中主要为趋向雷达或远离雷达的巡航方式。该方式下,目标的径向加速度分量较小,运动模型可进一步简化为径向匀速直线运动。

若采用 LFM 信号作为基带发射波形,其信号形式为

$$p(\tau) = \mathrm{rect}\left(\frac{\tau - T_\mathrm{p}/2}{T_\mathrm{p}}\right)\exp\left[\mathrm{j}\pi\gamma(\tau - T_\mathrm{p}/2)^2\right] \tag{4.27}$$

式中:γ 为调频率。

LFM 信号带宽 $B = \gamma T_\mathrm{p}$,矩形窗函数定义为

$$\mathrm{rect}(x) = \begin{cases} 1 & (|x| < 1/2) \\ 0 & (其他) \end{cases} \tag{4.28}$$

对应地,如果采用脉压后波形,则 $p(\tau)$ 的形式为

$$p(\tau) = \mathrm{rect}\left(\frac{t - T_\mathrm{p}}{2T_\mathrm{p}}\right)(T_\mathrm{p} - |t - T_\mathrm{p}|)\mathrm{sinc}\left[\pi\gamma(t - T_\mathrm{p})(T_\mathrm{p} - |t - T_\mathrm{p}|)\right]$$

$$\tag{4.29}$$

图 4.9 与图 4.10 给出了假设参数下的匀速直线运动目标脉压前后的回波仿真结果,零中频采样率为 2MHz,其中三种目标的运动如图 4.1 所示。

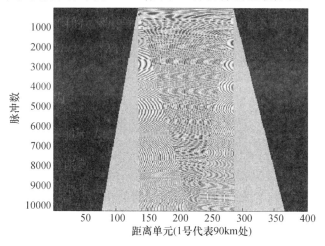

图 4.9　目标 $T_1 \sim T_3$ 的脉压前回波仿真结果

4.2.2　噪声模型

接收机噪声一般可看作一个高斯过程的采样函数。假定波束形成后的基带回波中的接收机噪声信号为 $n(t)$,是零均值带宽受限的复高斯过程,系统

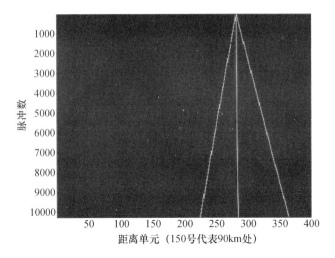

图 4.10 目标 $T_1 \sim T_3$ 的脉压后回波仿真结果

处理频带宽度将噪声限制在频率区 $(-B_n/2, B_n/2)$,功率谱密度为 $N_0/2$,噪声功率 $\sigma^2 = B_n N_0/2$。

当采样频率等于复信号带宽时,即 $f_s = B_n$,噪声的采样为独立同分布的零均值高斯随机变量,即

$$E\left[n_{n_1 m_1} n^* {}_{n_2 m_2}\right] = \sigma^2 \delta(n_1 - n_2) \delta(m_1 - m_2) \tag{4.30}$$

式中:δ 函数定义为

$$\delta(m) = \begin{cases} 1 & (m = 0) \\ 0 & (m \in \mathbf{Z}, m \neq 0) \end{cases} \tag{4.31}$$

▧ 4.3　能量积累方法

根据上述回波模型讨论,本节研究与运动模型相关的相参积累方法,包括 Keystone 变换方法和基于目标运动模型的能量积累方法;同时对运动模型无关的非相参积累方法进行分析;最后对两种积累方法进行对比。

4.3.1　相参积累方法

相参类方法是指在进行积累时利用了信号的相位信息使信号达到了同相叠加,因此能获得最大的信噪比增益,N 个脉冲相参积累可获得 N 倍的信噪比增益。下面介绍 Keystone 变换方法和基于运动模型的能量长时间积累方法两种相参积累方法。

4.3.1.1　Keystone 变换方法

1）基本原理

根据讨论可知,在分布式相参射频探测系统中,目标回波跨距离单元是回波在能量积累中的主要影响因素。针对该问题,Keystone 变换具有很好的积累效果。

Keystone 变换方法在傅里叶变换后的距离 – 多普勒二维回波数据上进行,通过对脉冲维的尺度伸缩,使变换后的匀速运动目标回波信号的多普勒频率与波形延迟被解耦。下面介绍该变换方法的原理。

考虑目标径向匀速运动情况,并忽略目标在单个脉冲时间内的运动影响,波束形成后回波可进一步表示为

$$S_R(t_n,\tau) = S_R(n,\tau) = Ap(\tau - 2(r_0 + vt_n)/c) \cdot$$
$$\exp(-j4\pi f_c(r_0 + vt_n)/c) \tag{4.32}$$

式中:t_n 为慢时间;r_0 为目标在脉冲 $n = 0$ 时的距离;v 为目标径向速度。

对信号回波进行距离维的傅里叶变换,其频域形式为

$$S_R(t_n,f_\tau) = AP(f_\tau)\exp\left(-j4\pi(f_c + f_\tau)\frac{r_0}{c}\right) \cdot$$
$$\exp\left(-j4\pi(f_c + f_\tau)\frac{vt_n}{c}\right) \tag{4.33}$$

式中:f_τ 为快时间频率;$P(f_\tau)$ 为脉冲波形 $p(\tau)$ 的频域形式。

在快时间频率 f_τ 处,利用 Keystone 变换对慢时间坐标轴实现尺度变换,即 $t_n = \dfrac{f_c}{f_c + f_\tau}t'_n$。这样,Keystone 变换可根据不同的快时间频率对慢时间维度进行尺度伸缩。当快时间频率为正时,慢时间维度坐标轴被拉伸;当快时间频率为负时,慢时间维度坐标轴被压缩。快时间频率绝对值越大,伸缩的比例也越大,如图 4.11 所示。

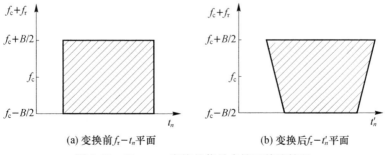

(a) 变换前 f_τ – t_n 平面　　　　(b) 变换后 f_τ – t'_n 平面

图 4.11　Keystone 变换的信号支撑区伸缩情况

理想情况下,Keystone 变换结果为

$$\widetilde{S}_{\mathrm{K}}(t_n', f_\tau) = AP(f_\tau) \exp\left(-\mathrm{j}4\pi(f_\mathrm{c} + f_\tau)\frac{r_0}{c} \right) \exp\left(-\mathrm{j}4\pi f_\mathrm{c}\frac{vt_n'}{c} \right) \quad (4.34)$$

式中: $\widetilde{S}_{\mathrm{K}}(t_n', f_\tau)$ 为变换后的信号回波。

注意,变换后的慢时间变换量 t_n' 所引起的多普勒相位调制项已经不再与快时间频率耦合,实现了快时间与慢时间两个维度的解耦。

对应地,把信号 $\widetilde{S}_{\mathrm{K}}(t_n', f_\tau)$ 从快时间频域逆傅里叶变换至快时间时域,则信号包络时延只与目标初始距离有关,目标速度引起的包络徙动已被补偿,即

$$\widetilde{S}_{\mathrm{K}}(t_n', \tau) = AP(\tau - 2r_0/c)\exp(-\mathrm{j}4\pi f_\mathrm{c}(r_0 + vt_n)/c) \quad (4.35)$$

式(4.33)与式(4.34)给出了慢时间变量 t_n 与变换量 t_n' 为连续变量时的变换过程,变换后的信号可由常规动目标检测(MTD)方法在同一个距离单元内进行相参积累。实际上,由于慢时间维度的脉冲采样是离散的,因此需要在 $f_\tau - t_n'$ 平面以频率 $f_\tau = 1/T_\mathrm{r}$ 在慢时间维度重新采样,实际得到的信号为

$$S_{\mathrm{K}}(n, f_\tau) = \widetilde{S}_{\mathrm{K}}(t_n' = nT_\mathrm{r}, f_\tau) = S_{\mathrm{R}}\left(\frac{f_\mathrm{c}}{f_\mathrm{c} + f_\tau}n, f_\tau \right) \quad (4.36)$$

根据基带采样恢复定理,当目标速度对应的多普勒频率小于脉冲重复频率 f_r,即不发生多普勒模糊情况时,可采用 sinc 插值恢复 $S_{\mathrm{K}}(n, f_\tau)$,即

$$S_{\mathrm{K}}(n, f_\tau) = \sum_i S(i, f_\tau)\mathrm{sinc}\left(\pi\left(\frac{f_\mathrm{c}}{f_\tau + f_\mathrm{c}}n - i \right) \right) \quad (4.37)$$

当系统脉冲重复频率较低,目标速度对应的多普勒频率大于脉冲重复频率 f_r 时,根据带通信号采样恢复定理,变换结果可由式(4.36)计算,即

$$S_{\mathrm{A}}(k, n, f_\tau) = \exp\left(-\mathrm{j}2\pi k\frac{f_\mathrm{c}}{f_\mathrm{c} + f_\tau} \right)S_{\mathrm{K}}(n, f_\tau) \quad (4.38)$$

式中: k 为目标速度对应的多普勒频率的模糊数,满足

$$2v(f_\mathrm{c} + f_\tau)/c = kf_\mathrm{r} + f_{\mathrm{d,T}} \quad (\ |f_{\mathrm{d,T}}| < f_\mathrm{r}/2\ ) \quad (4.39)$$

图 4.12 是径向匀速运动目标回波在 Keystone 方法补偿前后的距离 - 脉冲二维图,给出了目标回波经脉压后的包络峰值位置。目标数为 3,积累起始时刻的初始距离分别为 89.7km、90km、90.3km,速度分别为 - 228m/s、240m/s、228m/s。

图 4.2(a)中,未采用 Keystone 变换补偿跨距离单元效应时,三个目标在 1024 个脉冲的积累时间内均发生了明显的跨域距离单元,从左至右的轨迹分

别对应于速度为 -228m/s、240m/s 与 228m/s 的运动目标。图 4.12(b) 给出了如式(4.35)所示的 Keystone 变换补偿结果。根据仿真参数,系统的第一盲速约为 50m/s。由于补偿模糊数 $k=0$,因此 Keystone 变换只能完全补偿速度区间 $[-25m/s,25m/s]$ 内的运动目标,无法完全补偿其他速度范围内的目标跨距离单元效应。这样,对于速度为 -228m/s 的目标,其模糊数为 -5,对应的模糊速度为 22m/s。由于 sinc 插值仅将目标的模糊速度补偿,因此 -228m/s 的目标经补偿后的等效速度补偿为 -250m/s。如图 4.12(c) 所示,若进一步利用模糊数补偿值 $k=-5$,根据式(4.38)进行补偿,就可完全补偿目标为 -228m/s 的目标的跨距离单元效应。同时,由于补偿的模糊数与速度为 240m/s 及 228m/s 的目标的实际模糊数不匹配,因此上述目标的跨距离单元效应反而加剧了。反之,当采用模糊数补偿值 $k=5$ 进行补偿时,Keystone 变换对同在一个模糊区间的速度为 240m/s 与 228m/s 的目标完全补偿,而速度为 -228m/s 的目标的跨距离单元效应加剧,如图 4.12(d) 所示。

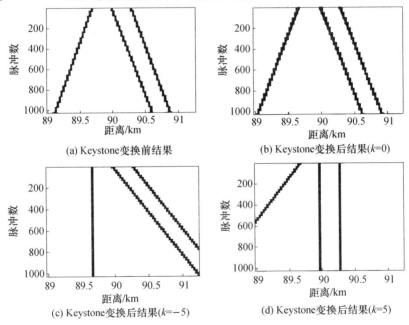

(a) Keystone 变换前结果

(b) Keystone 变换后结果($k=0$)

(c) Keystone 变换后结果($k=-5$)

(d) Keystone 变换后结果($k=5$)

图 4.12 Keystone 变换的跨距离单元补偿结果

上述结果表明,对于低 PRF 搜索雷达系统,由于需要对所有可能速度的目标进行检测,因此必须对所有可能的多普勒模糊数进行搜索与补偿。基于 Keystone 变换的长时间相参积累算法步骤如下:

(1) 对回波信号在快时间维度进行 FFT 操作;

(2) 采用脉冲波形的匹配函数进行频域脉压匹配处理;

（3）进行 sinc 插值，实现模糊数为 0 的 Keystone 变换，如式（4.34）；

（4）对快时间频域信号进行其他模糊数的 Keystone 变换，如式（4.38），k 的取值为目标速度范围对应的所有可能的多普勒模糊数；

（5）对每个多普勒模糊区间的信号进行快时间维度逆快速傅里叶变换（IFFT）操作；

（6）对变换后信号进行常规 MTD 处理，得到所有模糊数补偿值 k 的跨距离单元补偿后的距离 – 多普勒平面信号 $RD(k, r_0, f_d)$；

（7）利用检测门限对每个距离 – 多普勒单元进行判决，并输出对应单元的距离与多普勒频率估计结果。

注意，该算法的 Keystone 变换步骤不需要目标速度信息，因此对速度属于同一个多普勒模糊区间的目标可实现跨距离单元的统一补偿。但是，步骤（4）中模糊数补偿一般在未知目标速度的情况进行，补偿值 k 通常根据中心频率 f_c 计算得到。

根据式（4.38）所示的理想变换结果，基于 Keystone 变换的长时间相参积累算法性能可接近理想积累增益。如果考虑到目标在一个脉冲时间内的运动影响，采用类似前面分析方法，可得到信噪比积累增益估计式为

$$G_K = \frac{NBT_p \left| \chi_p\left(0, -\dfrac{2v}{\lambda_0}\right) \right|^2}{\chi_p(0,0)} \tag{4.40}$$

图 4.13 给出了基于 Keystone 方法的积累增益在不同目标速度与积累脉冲数条件下的估计结果与仿真结果。其中目标速度范围为 $-600 \sim 600\text{m/s}$。

图 4.13（a）是根据式（4.38）计算得到的基于 Keystone 变换的积累方法对不同速度目标及不同积累时间内的积累增益估计结果，图 4.13（b）是对应的仿真结果。可以看到，目标运动在较长时间内的距离徙动引起的性能误差得到了明显的补偿，从而使得积累增益基本不受到目标速度的影响。

2）仿真分析

（1）低信噪比下的回波处理结果仿真：

基于 Keystone 变换的长时间积累方法对回波的操作均属于线性操作。因此，在分析积累增益等性能时将目标回波及噪声等分别通过回波进行分析。本节给出的仿真结果为目标叠加噪声后的回波波形的单次处理波形，验证 Keystone 方法在低信噪比下的效果。

假设目标初始距离为 100km，运动速度为 680m/s。若对回波进行 1024 个脉冲的积累（积累时间为 1024ms），包括脉压增益在内理想增益为 51.8dB。若根据虚警概率 $P_{fa} = 10^{-6}$，检测概率 $P_d = 0.5$ 的性能要求，则积累后的检测

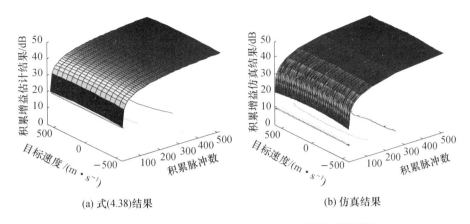

(a) 式(4.38)结果　　　　　　　　　　　(b) 仿真结果

图 4.13　Keystone 变换方法对径向匀速目标的积累增益

增益大于 11.2dB。故将输入信噪比设置为 −36dB。原始回波距离 − 脉冲波形如图 4.14 所示。

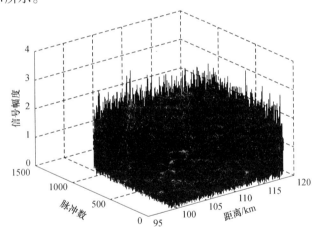

图 4.14　原始回波距离 − 脉冲波形

　　作为对比,图 4.15 首先给出了常规多普勒处理得到的距离多普勒平面的数据结果。可以看到,由于距离徙动,常规方法没有将信号的能量集中于一个距离单元,因此积累增益无法达到分辨目标与噪声的效果,难以达到检测需求。

　　图 4.16 所示的 Keystone 方法的处理结果,目标对应于距离单元 100km、速度 680m/s 处的峰值。可以看到,利用 Keystone 变化后的信号进行相参积累可以在目标真实距离与速度的分辨单元上得到较好的积累结果。利用虚警概率对应的门限检测的结果如图 4.17 所示。

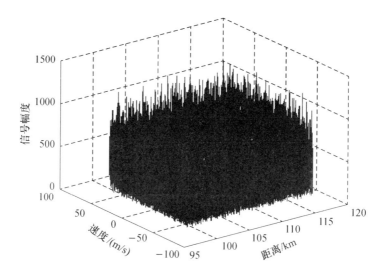

图 4.15　常规多普勒处理结果波形

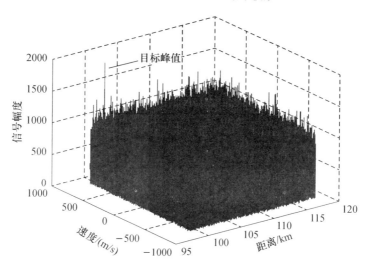

图 4.16　Keystone 方法处理波形

（2）积累增益仿真结果：

基于 Keystone 变换的长时间积累方法为线性操作。因此，本节通过数值仿真实验得到 Keystone 变换方法对不同运动形式目标的积累增益结果。数值实验中，通过回波产生、噪声产生、处理流程仿真的结果，分别得到目标回波与噪声回波通过 Keystone 变换处理的平均功率，从而获得 Keystone 变换方法对目标与噪声的回波信噪比增益曲线。

下面将考察 Keystone 方法对非径向匀速运动目标的积累增益性能。积累脉冲数目为 512。这里，考虑目标初始位置为 90km，目标速度方向为径向夹

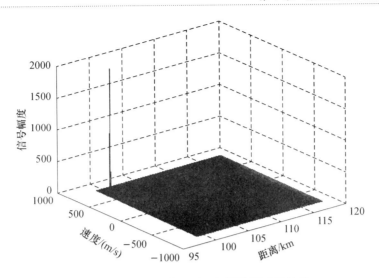

图 4.17　Keystone 方法处理门限检测后的结果

角分别为 0°、30°、60° 和 90°。

　　图 4.18 给出了 Keystone 方法对几种典型的非径向匀速运动目标的积累增益曲线。作为对比,图中同时给出了相同积累脉冲数常规方法积累增益的仿真结果。图 4.18(a)中,目标速度方向与径向方向夹角为 0°,即目标为径向匀速运动。可以看到,该情况下 Keystone 方法的积累增益比常规方法高 10dB。图 4.18(b)中,当目标速度方向与径向夹角为 30° 时,Keystone 变换无法补偿切向速度效应,其积累性能开始下降,该方法对速度在 600m/s 附近的目标积累增益下降不超过 4dB。图 4.18(b)中,Keystone 方法增益曲线中的抖动是由于仿真过程中径向速度分量不位于多普勒滤波器组的中心频率上导致的多普勒跨越损失,一般不超过 2dB。图 4.18(c)中,当速度方向与径向方向夹角为 60° 时,Keystone 最大的性能损失扩大至 6dB。而对于常规方法,由于相同速度对应的切向分量为速度大小的 1/2,该情况下常规积累增益反而提高了 3dB。此时两种方法的积累增益已相差不大。图 4.18(d)中,当目标为切向速度时,径向分量非常小,在积累时间 0.5s 内,目标不发生跨距离徙动,常规方法与 Keystone 方法的性能均是由于径向速度的时变效应导致的,且两者的积累增益损失基本相同。

　　下面进一步通过数值仿真实验考察 Keystone 方法对径向匀加速运动目标的积累增益性能。积累脉冲数目为 512。这里,考虑目标初始位置为 90km,目标加速度按照分别为 0m/s²、1m/s²、2m/s²、4m/s²。

　　图 4.19 给出了 Keystone 方法对几种典型的径向匀加速运动目标的积累增益曲线。作为对比,图中同时给出了相同积累脉冲数的常规方法积累增益

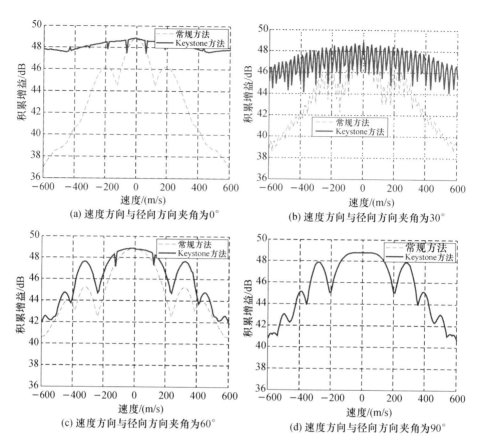

图 4.18　Keystone 方法对不同速度目标的积累增益(非径向匀速运动目标)

的仿真结果。图 4.19(a) 中,目标加速度为 $0\mathrm{m/s}^2$,即目标为径向匀速运动。可以看到,该情况下 Keystone 方法的积累增益比常规方法高 10dB。当目标加速度不断增大时,Keystone 变换无法补偿加速度效应,其积累性能开始下降。与常规方法不同,Keystone 方法由于可以克服径向速度的影响,因此其性能下降表现为不随径向速度变化。图 4.19(b)、(c)、(d) 中,随着加速度的增大,Keystone 性能与常规方法越来越接近。

　　(3) 检测性能仿真结果:

　　下面通过蒙特卡罗数值仿真实验,绘制利用 Keystone 方法与常规处理方法的性能曲线。

　　仿真参数:雷达中心载频 $f_c = 1.2\mathrm{GHz}$,脉冲重复频率 $T_r = 1010\mu\mathrm{s}$,采样率为 2MHz,LFM 信号时宽 $T_p = 75\mu\mathrm{s}$,带宽 $B = 2\mathrm{MHz}$,噪声带宽等于 LFM 信号带宽。

　　在上述参数下,首先考察径向匀速运动的目标 Keystone 方法的检测概率

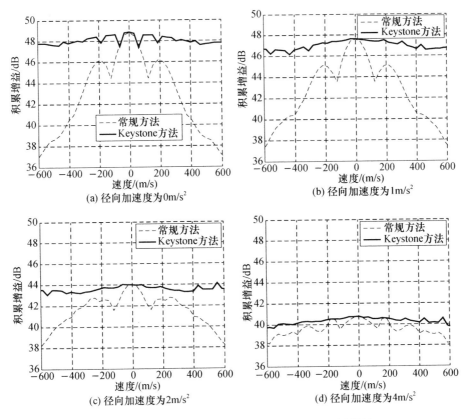

图 4.19　Keystone 方法对径向匀加速目标的积累增益

P_d 与输入信噪比的关系,目标在积累初始时刻的距离为 90km,目标速度为 600m/s,积累脉冲数目为分别为 128、256 及 512,检测门限按照 $P_{fa} = 10^{-6}$ 设置。

图 4.20 给出了 Keystone 方法对速度为 600m/s 的径向匀速运动目标的不同脉冲数目积累后的检测概率曲线。作为对比,图中同时给出了相同积累脉冲数为 128 的常规方法的检测概率曲线及其理想情况下的理论增益曲线。可以看到,当目标速度为 600m/s 时,常规方法在积累脉冲数目为 128 时,相参积累后的检测概率与 Keystone 方法基本相近。而常规方法积累数目增加 1 倍后,对应的检测概率反而下降。这主要是因为后续增加的脉冲中,目标已经不再对应距离单元,因而增加脉冲反而引入的是噪声,使得信噪比降低。而 Keystone 方法通过补偿距离徙动效应,其检测概率曲线接近理论曲线,损失约为 1dB。同时,对于 Keystone 变换方法,当脉冲积累数目从 128 增加到 256 及 512 时,脉冲数目每增加 1 倍,达到同样检测概率的信噪比降低约 3dB,符合相参积累的规律。仿真结果表明,对于径向匀速运动,积累脉冲数目为 256 时,

Keystone 方法相对于常规方法的增益为 6dB 以上。

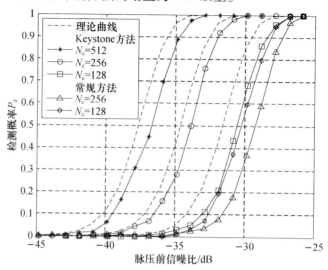

图 4.20 Keystone 方法的检测性能曲线（径向匀速运动目标）

下面将进一步分析 Keystone 方法对非径向匀速运动目标的检测概率性能。数值仿真选取的雷达系统参数同上。积累脉冲数目为 512。这里，考虑目标初始位置为 90km，目标速度方向与径向夹角分别为 0°、30°、60° 和 90°。

图 4.21 给出了 Keystone 方法对速度为 600m/s 的非径向匀速运动目标积累后检测概率曲线。可以看到，当目标速度为 600m/s，常规方法在积累脉冲数目为 512，当速度方向与径向方向夹角为 30° 时，在 $P_d = 0.5$ 处相对径向匀速目标的增益损失约为 2dB。因此，Keystone 方法对目标的积累增益随着目标速度方向与径向方向的夹角增大而明显下降。

下面进一步通过数值仿真实验考察 Keystone 方法对径向匀加速运动目标的积累增益性能。数值仿真选取的雷达系统参数同上。积累脉冲数目为 512。这里，考虑目标初始位置为 90km，目标加速度按照分别为 $0m/s^2$、$1m/s^2$、$2m/s^2$、$4m/s^2$。

图 4.22 给出了 Keystone 方法对初速度为 600m/s 的径向匀加速运动目标积累后的检测概率曲线。可以看到，当目标加速度为 $1m/s^2$ 时，损失在 2dB 左右。随着加速度不断增大，积累增益的损失也不断增大。上述结果与图 4.23 的分析结果相一致。因此，Keystone 方法对目标的积累增益随着目标加速度增大而明显下降。

通过类似数值仿真实验，进一步考察 Keystone 方法对存在距离误差的径向匀速运动目标的积累增益性能。数值仿真实验的雷达系统参数同上。积累

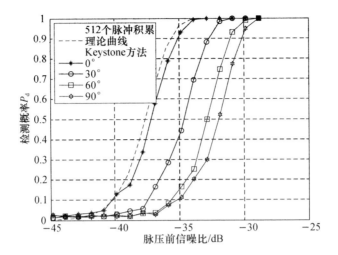

图 4.21　Keystone 方法的检测性能曲线（非径向匀速运动目标）

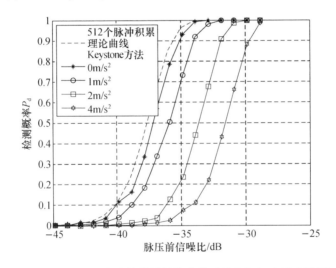

图 4.22　Keystone 方法的检测性能曲线（径向匀加速运动目标）

脉冲数目仍为 512。这里，考虑目标初始位置为 90km,目标的距离误差分别是 0.6m(约为 600m/s 目标一个脉冲周期的移动距离)的 0%、1%、3%、7%。

图 4.23 给出了 Keystone 方法对距离扰动型的准平稳目标积累后的检测概率曲线。可以看到,目标准平稳运动的距离扰动标准差为 1% 时,其检测性能几乎不受影响。当标准差为 3% 时,积累增益损失为 2dB 左右。而当标准差为 7% 时,此时目标的非平稳性已经完全破坏了回波的相参性,积累性能急剧下降。

最后考察 Keystone 方法对存在速度误差的径向匀速运动目标的积累增益

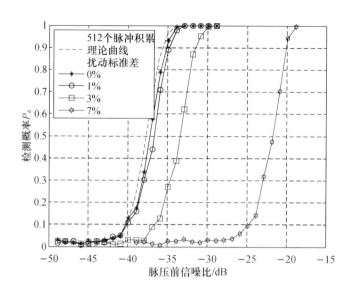

图 4.23 Keystone 方法的检测性能曲线（距离扰动型准平稳目标）

性能。数值仿真实验的雷达系统参数同上。积累脉冲数目仍为 512。这里，考虑目标初始位置为 90km，目标的速度误差的标准差为 0m/s、1m/s、2m/s、9m/s。

图 4.24 给出了 Keystone 方法对速度扰动型的准平稳目标积累后的检测概率曲线。可以看到，目标准平稳运动的距离扰动标准差小于 2m/s 时，其检测性能几乎不受影响。当标准差为 9m/s 时，积累增益损失为 8dB 左右。该结果得到的积累损失比前面分析结果要小 8dB 左右。这主要是由于仿真实验中选取的概率统计方法：在目标相应距离单元内检测到目标则视为正确检测，而理论分析是对目标在相应距离及速度单元内的信噪比。由于长时间积累中采用的脉冲数非常大，因此对应的速度分辨率非常小，目标的能量由于速度误差分布于中心速度相应的多个速度单元内。因此，前者的检测概率是大于后者的理论分析结果。而检测概率大的代价是损失速度估计精度。

4.3.1.2 基于目标运动模型的能量积累

Keystone 变换方法最终目的是补偿因目标运动引起的回波跨距离徙动，从而实现相参叠加；从匹配滤波角度出发，包括 Keystone 变换方法在内的任何一种相参积累方法的最终目的均为补偿因目标运动引起的各脉冲回波相位差异，使其同向叠加，以获得最大积累增益。目标的运动造成回波相位的差异，相位差异的补偿实现了相参积累。基于运动模型的能量积累方法考虑的是打破距离徙动的范畴，直接从目标的运动出发，考虑通过目标运动模型建立，分

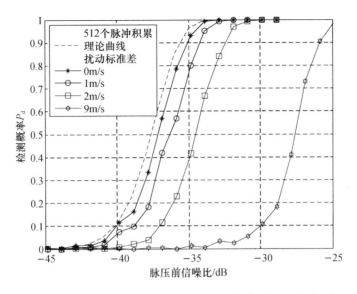

图 4.24　Keystone 方法的检测性能曲线（速度扰动型准平稳目标）

析回波相位差异,完成补偿及相参积累。

1）基本原理

基于目标运动模型的长时间相参积累方法直接从相参积累的根本点相位出发,考虑运动目标长时间回波能量积累。其基本思路是将包含目标运动状态信息的回波信号相位与反映目标运动状态的运动方程联系起来,将目标运动方程转换成回波相位,通过该转换关系结合具体运动形式(如径向匀速直线运动、斜向匀速直线运动等)下的运动方程,对回波信号相位进行估计,根据匹配滤波原理进行匹配滤波器设计,以匹配滤波方式实现相参积累。

如图 4.25 所示,以单发单收单通道模式为例分析。系统发射单频连续波信号载频为 f_c,发射信号为

$$S_t(t) = A_t \times e^{j2\pi f_c t} \tag{4.41}$$

式中:A_t 为发射信号幅度。

设 c 为光速,载波波长为 λ,$R(t)$ 为目标与雷达径向距离,则回波时延为

$$\tau = \frac{2|R(t)|}{c} \tag{4.42}$$

发射信号与回波信号相位差为

$$\phi(t) = 2\pi \frac{2|R(t)|}{\lambda} \tag{4.43}$$

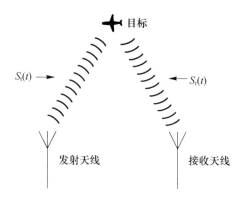

图 4.25　单发单收系统示意图

回波信号经下变频处理后信号为

$$S_r(t) = A_r \times e^{-j2\pi f_c \tau} = A_r \times e^{-j2\pi \frac{2|R(t)|}{\lambda}} = A_r \times e^{-j\phi(t)} \tag{4.44}$$

对接收信号进行处理,信号处理框图如图 4.26 所示。

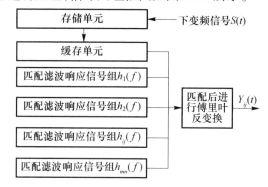

图 4.26　信号处理框图

设存储单元长度 $T_N = NT$,存储信号形式为

$$S(t) = A_r \times \mathrm{rect}\left(\frac{t}{T_N}\right)e^{-j\phi(t)}$$

$$= A_r \times \mathrm{rect}\left(\frac{t}{T_N}\right)e^{-j2\pi\frac{2|R(t)|}{\lambda}} \tag{4.45}$$

式中:$\mathrm{rect}(t)$ 为矩形方波函数。

根据匹配滤波原理,该回波的匹配滤波响应信号的频域形式为

$$h_{ij}(f) = \left\{ \mathrm{FFT}\left[A_h \times \mathrm{rect}\left(\frac{t}{T_N}\right)e^{-j2\pi\frac{2|R(t)|}{\lambda}} \right] \right\}^* \tag{4.46}$$

式中:A_h 为匹配响应幅度;下标 ij 表示与目标真实回波发生匹配的匹配滤波器标号;$\mathrm{FFT}\{\cdot\}$ 表示傅里叶变换;$\{\cdot\}^*$ 表示取共轭。

匹配后信号形式为

$$Y_{ij}(t) = \text{IFT}\big[\,S(f) \times h_{ij}(f)\,\big] \tag{4.47}$$

式中：$S(f)$ 为信号 $S(t)$ 频域形式。

为了减小系统处理时间间隔，系统每隔 T 秒对信号处理一次，存储单元结构如图 4.27 所示。

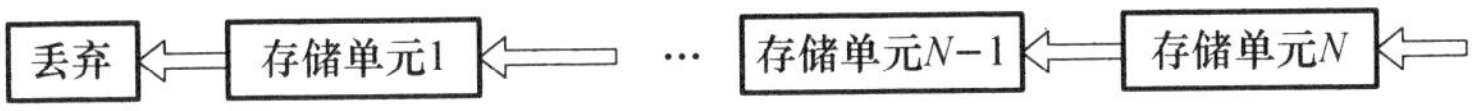

丢弃 ← 存储单元1 ← … ← 存储单元$N-1$ ← 存储单元N ←

图 4.27　存储单元结构

系统以 T 为间隔，将每个存储单元存储的信号前移至前一存储单元，位于最前面的存储单元则将自己存储信号丢弃，存储来自其后一个存储单元的回波信号，并将存储单元信号作为整体送入缓存单元进行处理。信号处理流程（图 4.28）如下：

（1）接收信号：接收系统将接收信号经过下变频处理后，以 T 为间隔，不断送入存储单元。

（2）信号前移：系统以 T 为间隔，将每个存储单元存储的信号前移至前一存储单元，位于最前面的存储单元则将自己存储信号丢弃，并存储来自其后一个存储单元的回波信号。

（3）送入缓存：将完成移存的每个存储单元作为一个信号进行统一采样，并进行离散傅里叶变换将变换结果送入缓存。

（4）匹配滤波：将送入缓存的频域信号与系统已经存储的同样长度各种情况下的匹配滤波响应信号频域形式进行搜索式匹配。

（5）峰值检测：将匹配后的信号进行傅里叶反变换，并进行峰值检测。

（6）参数估计：当检测到峰值时，系统找到与回波信号匹配的响应信号，通过响应信号参数，估计目标运动参数，然后系统跳回步骤（1），继续运行。

（7）当没有检测到峰值时，系统跳回步骤（1），继续运行。

当探测区域无目标存在时，各匹配信号不会与噪声信号发生匹配而出现匹配峰值，因而，也检测不到目标。当有目标存在时，开始由于目标刚进入波束区，回波时间短，匹配后信号被淹没在噪声中而无法被检测。随着目标在波束中驻留时间加长，目标回波信号时间也相应延长，匹配后峰值也越来越高，最终匹配峰值将超过检测门限而被检测出来。根据所检测峰值，找出发生匹配时相应的匹配响应信号，根据该匹配响应信号参数估计目标运动参数，从而实现目标相参积累、检测与参数估计。

2）应用原理

斜向匀速直线运动目标如图 4.29 所示。目标与进入雷达扇区的初始距离为 R_0，以与初始径向距离 R_0、夹角 θ、速度 v 进入雷达扇区。

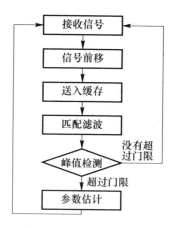

图 4.28　信号处理流程

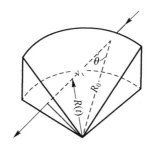

图 4.29　斜向匀速直线运动目标示意图

根据余弦定理可得目标与雷达径向距离为

$$R(t) = \sqrt{R_0^2 + (vt)^2 - 2R_0(vt)\cos\theta} \qquad (4.48)$$

则回波相位则为

$$\phi(t) = \frac{4\pi \mid R(t) \mid}{\lambda}$$

$$= \frac{4\pi \sqrt{R_0^2 + (vt)^2 - 2R_0(vt)\cos\theta}}{\lambda} \qquad (4.49)$$

针对斜向匀速直线运动,按照上节所述方案结合式(4.48)对目标回波相位进行估计,并通过相位估计实现 $h_{ij}(f)$ 估计, $h_{ij}(f)$ 的估计采用搜索方式进行。通过确定 R_0 值而设定雷达探测范围,对 v 和 θ 进行搜索 (v_i, θ_j) ,式(4.48)以及式(4.46)完成匹配滤波响应信号估计:

$$h_{ij}(f) = \left\{ \text{FFT}\left[A_h \text{rect}\left(\frac{t}{T_N}\right) \times e^{-j\frac{4\pi\sqrt{R_0^2 + (v_it)^2 - 2R_0(v_it)\cos\theta_j}}{\lambda}} \right] \right\}^* \qquad (4.50)$$

将(v_i, θ_j)各种搜索情况下的响应信号频域形式存储,在需要时将它们与回波信号进行匹配,通过设定门限对匹配后峰值进行检测。所有搜索情况中只有$h_{ij}(f)$与目标回波发生匹配,并产生最大峰值,通过该峰值确定发生匹配的匹配滤波响应信号$h_{ij}(f)$,通过$h_{ij}(f)$的参数(v_i, θ_j)确定目标运动速度v和目标速度方向与初始径向距离夹角θ,即为(v_i, θ_j)。搜索步长的讨论在下一节进行。

3）步长确定

（1）速度搜索步长确定。为了保证回波信号与搜索后系统估计信号的相参性,需将它们的相位差在积累时间内控制在一定范围内,设此范围为X,一般$X \in (0 \sim \pi)$。并由此可得搜索步长。

目标以各种角度进入雷达扇区,进入角$\theta = 0$时即目标做径向匀速直线运动时,速度匹配程度对相位的影响最大,若能保证该形式下相位误差范围在X以内,其他运动形式则都能满足此条件,即

$$\frac{4\pi}{\lambda}\mathrm{d}vt \le X \tag{4.51}$$

可得速度的搜索步长,即

$$\mathrm{d}v \le \frac{\lambda X}{4\pi t} \tag{4.52}$$

（2）角度搜索步长确定。将式（4.48）对θ求导,可得

$$\frac{\mathrm{d}R(t)}{\mathrm{d}t} = \frac{8\pi R_0 vt\sin\theta}{\lambda \sqrt{R_0^2 + (vt)^2 - 2R_0(vt)\cos\theta}} \tag{4.53}$$

由上式可看出

$$\theta = \frac{\pi}{2} \tag{4.54}$$

时,式（4.53）的值最大,即变化率最大,此时搜索误差造成的相位误差也最大。若将此时的搜索误差控制在X以内,其他进入角度的搜索误差则都能满足此条件。

将$R(t)$在$t = 0$处进行泰勒展开,由于$R_0 \gg vt$时,忽略二阶及以上高阶项影响,可得

$$R(t) = R_0 - v_0\cos\theta t \tag{4.55}$$

设搜索角误差为$\mathrm{d}\theta$,则

$$\frac{4\pi}{\lambda}\left[\cos\frac{\pi}{2} - \cos\left(\frac{\pi}{2} + \mathrm{d}\theta\right)\right]V_{\max}t \le X \tag{4.56}$$

简化并整理,可得

$$\mathrm{d}\theta \leqslant \left| \arccos\left(-\frac{\lambda X}{4\pi v_{\max}t} \right) - \frac{\pi}{2} \right| \tag{4.57}$$

从式(4.52)和式(4.57)可以看出,搜索时搜索步长与信号处理时间成反比,与载波波长成正比,同时与相参性要求严格程度有关。可以通过降低相位估计误差限制、降低信号处理时间以及提高载波波长来扩大搜索步长、降低搜索量。

4）仿真分析

仿真初始条件:采样率 $f_s = 30\mathrm{kHz}$,目标速度 $v_0 = 1000\mathrm{m/s}$,系统信号处理时间 $t = 30\mathrm{s}$,初速与初始径向距离的夹角 $\theta = \pi/3$,初始距离 $R_0 = 300\mathrm{km}$。载频 $f_c = 3\times10^7\mathrm{Hz}$,波长 $\lambda = 10\mathrm{m}$,信噪比为 $-46\mathrm{dB}$。系统每个存储单元存储时间长度为5s,共6个存储单元。系统每5s对信号处理一次,假设目标2.5s时进入雷达波束区。目标回波与匹配滤波信号匹配时,滤波仿真图如图4.30所示。

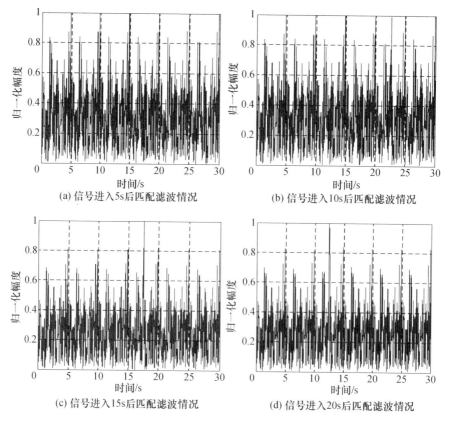

(a) 信号进入5s后匹配滤波情况　　　　(b) 信号进入10s后匹配滤波情况

(c) 信号进入15s后匹配滤波情况　　　　(d) 信号进入20s后匹配滤波情况

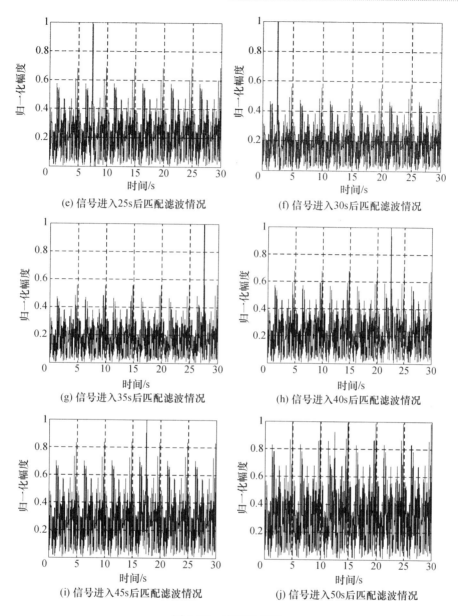

图 4.30　滤波仿真图

目标是 2.5s 时进入波束区域,因此在 30s 处理时间时匹配后峰值位于 2.5s 处。从仿真图中可以看出,目标进入雷达波束初期,回波时间短,匹配后信号被淹没在噪声中,无法检测到。随着目标在雷达波束中驻留时间延长,匹配后信号峰值不断提高,最终被检测出来。系统最大处理时间为 30s,因此目标在波束中驻留 30s 时匹配峰值最大。随着目标在波束中驻留时间延长,超过系统信号处理时间 30s,这时可固定已估计出的参数(v_i,θ_j),估计 R_0 对回波匹配滤波信号进行估计,进而完成信号的匹配,实现相参积累。

4.3.2 非相参积累方法

4.3.2.1 Hough 变换方法

Hough 变换方法是一种基于投影变换的方法。投影变换方法通过某种形式的投影变换,将高维数据空间的轨迹转化到低维参数空间,然后进行低维度轨迹的门限检测处理。作为投影变换方法中的一种,Hough 变换方法主要用于检测具有直线轨迹的目标。

以二维数据空间为例,对于匀速直线运动的目标,可利用 Hough 变换公式

$$\rho = x\sin\theta + y\cos\theta$$
$$= \sqrt{x^2 + y^2}\sin\left(\theta + \arctan\frac{y}{x}\right) \tag{4.58}$$

将回波从 $x-y$ 数据空间映射到 $\rho-\theta$ 参数空间。Hough 变换的物理意义:任一条经过笛卡儿坐标系中的点(x,y)的直线,坐标原点到它的垂线段的长度为 ρ,垂线段与 x 轴的夹角为 θ。

在上述变换方式下,数据空间的一个点变换后对应参数空间的一条正弦曲线;数据空间中同一直线上的点变换后对应参数空间中一束正弦曲线,且它们均相交于某一点(非相参积累),由该点的坐标可获得原直线轨迹。

Hough 变换方法应用在雷达信号处理中时,将雷达回波的距离 – 时间二维数据平面(r,t)视为数据空间,每个单元格相应数值为雷达回波的能量。大量的研究和实验证明,雷达杂波经过一定的杂波抑制和白化等处理,总能使用高斯白噪声模型来拟合。

考虑一个 $M \times N$(M 为时间轴上的单元个数,N 为距离门的数目)的雷达回波数据矩阵,可以用下式表示:

$$Z(k) = \{z_{ij}(k)\} \quad (1 \leqslant i \leqslant M, 1 \leqslant j \leqslant N) \tag{4.59}$$

式中:$z_{ij}(k)$ 为分辨单元(i,j)在 k 时刻的测量值,且有

$$z_{ij}(k) = \begin{cases} n_{ij}(k) & (\text{无目标}) \\ S(k) + n_{ij}(k) & (\text{有目标}) \end{cases} \tag{4.60}$$

其中:$S(k)$ 为目标的幅度;$n_{ij}(k)$ 为服从高斯分布的噪声。

将数据空间映射到参数空间,通常可以通过一个矩阵运算来实现。假设

距离－时间数据平面 (r,t) 过第一门限的点数为 I，定义数据矩阵如下：

$$D = \begin{bmatrix} r_1 & r_2 & \cdots & r_I \\ t_1 & t_2 & \cdots & t_I \end{bmatrix} \tag{4.61}$$

矩阵每一列为时间－距离平面数据过第一门限的点的距离和时间值。定义转换矩阵如下：

$$H = \begin{bmatrix} \cos\theta_1 & \sin\theta_1 \\ \cos\theta_2 & \sin\theta_2 \\ \vdots & \vdots \\ \cos\theta_N & \sin\theta_N \end{bmatrix} \tag{4.62}$$

式中：$\theta \in [0,\pi]$；$N = \pi/\Delta\theta$，$\Delta\theta$ 为参数空间中 θ 的量化间隔。转换矩阵和数据矩阵相乘，可得出

$$R = HD = \begin{bmatrix} \rho_{1,\theta} & \cdots & \rho_{I,\theta_1} \\ \vdots & \ddots & \vdots \\ \rho_{1,\theta_N} & \cdots & \rho_{I,\theta_N} \end{bmatrix} \tag{4.63}$$

相乘后获得的矩阵 R 中所包含的就是参数空间中 ρ 值。将 ρ 值进行量化处理，然后对相同量化区间的值按经过量化后的 θ 值进行聚类，即可将数据空间映射到参数空间。

Hough 变换方法的基本处理流程如下：

（1）对各个时间段相参处理的结果取幅度，得到每帧雷达数据，并将其按时间顺序排列成距离－时间二维回波数据。

（2）将上述可能包含具有直线轨迹目标的回波数据从数据空间进行 Hough 变换到参数空间，此时直线轨迹目标将在某一点形成非相参积累极值。

（3）在参数空间中通过门限检测出达到一定信噪比要求的极值。

（4）通过对过门限的极值做逆变换到原数据空间，即可检测和确认原数据空间中的目标轨迹。

下面给出数值仿真示例。将某雷达回波的各个时间段相干处理并取幅度后的每帧雷达数据按时间顺序排列成如图 4.31 所示的距离－时间 $(r-t)$ 二维图，图中总观测时间为 50s。目标由近及近等速（径向）飞行，当 $t=0$ 时，目标距参考中心为 10km，信噪比为 0dB。

利用门限以去除小噪声，然后用上述直线检测的 Hough 变换，得到图 4.31 所示的 $\rho-\theta$ 平面积累结果。可以看到，目标航迹对应的峰点明显高于

其他部分,用高门限在 $\rho-\theta$ 平面可检测出积累峰值,滤除杂散分量。

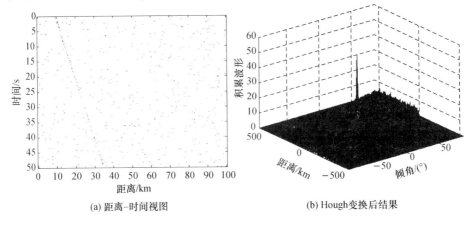

(a) 距离-时间视图   (b) Hough变换后结果

图 4.31 雷达数据的距离-时间视图及 Hough 变换后结果

该方法一定程度在长时间内应对目标跨距离单元情形实现有效检测,在具体实现中需解决以下问题:

(1) 理论上,连续图像空间中目标轨迹可近似为一条直线,从而获得参数空间上较为聚集的峰值。实际处理中,距离和时间维度上都是离散化取样并进行处理。上述离散化处理的参数需要通过仿真得到合适的值。

(2) Hough 变换扩展到多维空间中需要对其运算量进行定量评估。

(3) 作为非相参检测方法,该方法在具体系统参数条件下的低信噪比特性需要通过仿真进行评估。

4.3.2.2 动态规划方法

动态规划(DP)方法早期应用于图像及红外目标检测,后为雷达微弱目标积累检测方法所借鉴。针对雷达目标的动态规划积累算法一般将多个相参处理间隔(CPI)的结果作为各个状态,将目标的运动视为状态序列的转移,利用动态规划实现目标轨迹搜索。

动态规划方法先用离散状态序列描述目标运动,然后基于动态规划思想对目标轨迹搜索过程做分级降维处理,提高了轨迹搜索效率。动态规划方法实际上是对穷举搜索轨迹方法的一种等效实现。穷举法先搜索出一切可能的由第 1 帧到第 k 帧所有点构成的轨迹,然后求出各条轨迹所包含点的幅度或能量累加值,再与门限比较,将超过门限的轨迹找出来,宣布检测结果。穷举法由于计算量非常大,难以工程实现;但可采用具有多阶段决策优化能力的动态规划方法等效实现。

动态规划方法作为一种多阶段决策优化方法,在处理时将研究的问题分解为互相联系的几个子问题。如果将原问题看作一个过程,各个子问题就是过程的几个阶段,可以引入状态变量来描述过程的演变。状态变量的取值称为状态,状态的取值称为状态集合。状态和状态集合都依赖于阶段 k,分别记为 x_k 和 X_k。当各段状态和终状态确定后,这个过程就完全确定了。即过程可以表示为状态序列 $\{x_1, x_2, \cdots, x_k\}$,其中 x_1 为初状态,x_k 为终状态。

对于给定的最优化过程,在各个阶段要求选择某个变量的值,使得全过程按给定的准则达到最优,各阶段上状态变量的选择就是问题的决策。一般用决策函数 $u_k(x_k)$ 表示决策过程。整个决策过程相对应的决策函数序列 $\{u_1(x_1), u_2(x_2), \cdots, u_k(x_k)\}$ 称为策略。决策过程还必须有一个度量其策略好坏的准则,称为值函数。于是问题可归结为是选择一个 k 阶段的策略

$$\{u_1(x_1), u_2(x_2), \cdots, u_k(x_k)\} \in U \tag{4.64}$$

使得下式表示的值函数为最大,即

$$f_k(x_k) = \max_{[u_1, \cdots, u_k]} v_k(x_1; u_1, \cdots, u_k) \tag{4.65}$$

式中:$f_k(x_k)$ 为从初状态 x_1 到终状态 x_k 的最优值函数或目标函数。

设值函数为阶段值和的一种形式为

$$v_k(x_1; u_1, \cdots, u_k) = \sum_{i=1}^{k} w_i(x_i, u_i) \tag{4.66}$$

式中:$w_i(x_i, u_i)$ 为阶段指标,表示第 i 个阶段,状态 x_i 做出决策 u_i 情况下的阶段指标函数。

根据最优性原理得 $f_k(x_k)$ 的递推关系式:

$$\begin{aligned} f_k(x_k) &= \max_{[u_i] \in U} \left[\sum_{i=1}^{k} w_i(x_i, u_i) \right] \\ &= \max_{[u_i, u_k] \in U} \left[w_k(x_k, u_k) + \sum_{i=1}^{k-1} w_i(x_i, u_i) \right] \\ &= \max_{u_k} [w_k(x_k, u_k) + f_{k-1}(x_{k-1})] \end{aligned} \tag{4.67}$$

式中:k 为决策过程划分的阶段数,$k = 2, 3, \cdots, M$。

一般地,初始条件可以假设为

$$f_1(x_1) = w_1(x_1, u_1) \tag{4.68}$$

这样,以上两式就是多段决策过程的动态规划基本方程。

在雷达信号处理中,动态规划方法一般将多个 CPI 处理的结果作为目标的各个状态,将目标的运动视为状态序列的转移,利用动态规划实现对目标轨

迹搜索。

一个目标轨迹被定义为目标从时刻 1 到时刻 M(总的时间是 MT)一系列的连续态 $x(k)$ 的集合。因此在时刻 M 的一个轨迹定义为

$$X_M = \{x(1), x(2), \cdots, x(M)\} \tag{4.69}$$

动态规划用于检测前跟踪(TBD)算法中,需要对动态规划的基本关系式变形。根据 $f_k(x_k)$ 的递推关系式可得

$$
\begin{aligned}
f_k(x_k) &= \max_{u_k} [w_k(x_k, u_k) + f_{k-1}(f_{k-1})] \\
&= \max_{u_k} [w_k(x_k, u_k) + \max_{u_{k-1}} [w_{k-1}(x_{k-1}, u_{k-1}) + \cdots + \\
&\quad \max_{u_2} [w_2(x_2, u_2) + f_1(x_1)]]] \\
&= \max_{u_k} [h_k(x_k)]
\end{aligned}
\tag{4.70}
$$

式中:$h_k(x_k)$ 为阶段的值函数,且有

$$h_k(x_k) = w_k(x_k, u_k) + \max_{u_k} [h_{k-1}(x_{k-1})] \tag{4.71}$$

一般地,初始条件可以假设为

$$h_1(x_1) = w_1(x_1, u_1) \tag{4.72}$$

那么以上两式构成基于动态规划的 TBD 算法的基本递推关系式。TBD 问题归结为用由测量序列 $Z_k(Z_k = \{Z(1), Z(2), \cdots, Z(M)\})$ 产生的 M 阶段的值函数 $h_M(x_M)$,按照下面的公式,宣布检测结果并且决定最有可能是实际目标的轨迹:

$$\hat{X}_M = \{\hat{X}_M : h_M(x_M) > V_T\} \tag{4.73}$$

式中:V_T 为门限;$\hat{X}_M$ 为目标轨迹的估计值,$\hat{X}_M = \{\hat{x}(1), \hat{x}(2), \cdots, \hat{x}(M)\}$,它在每一个阶段的决策中被记录。

对于阶段指标 $w_i(x_i, u_i)$ 的选择,若考虑非特定类型运动目标模型,可以用目标状态矢量基于观测值的后验概率作为 $w_i(x_i, u_i)$,则动态规划判决的轨迹趋向于选择后验概率较大的目标轨迹。

动态规划方法的基本处理流程如下:

(1)初始化:将第一次扫描 $k=1$ 中的某分辨单元的回波作为动态规划算法的初始状态。

(2)循环递归:当 $2 \le k \le M$ 时,计算所有的假设目标位置的值函数,同时根据实际情况对目标运动范围进行限制。

(3)停机准则:找出第 M 个扫描时刻超过门限的所有值函数,并确定在这一时刻对应的假设目标的位置。

（4）航迹估计:对于超过门限的每条路径,由终点开始,逐步导向起点,通过逆序递推的方法求出目标的航迹估计。

下面给出数值仿真示例。将某雷达对空监视的回波数据进行脉冲压缩和动目标检测(MTD)处理后,获取包含目标和杂波的包络信号。选取目标所在多普勒通道的一段时间内的输出,即除时间维度外,仅保留距离维度,因此,目标运动视为一维运动。目标的信杂比在各帧之间有一定起伏,平均信杂比约为 6dB。图 4.32 显示了待处理回波数据。

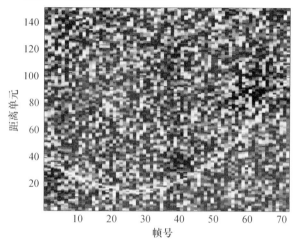

图 4.32　待处理回波数据

若设置目标每个时刻运动范围为上一时刻位置的前后各 10 个距离单元以内,图 4.33 给出了采用上述动态规划算法的处理结果。可以看到,动态规划算法对运动目标真实轨迹进行了有效的检测和跟踪。

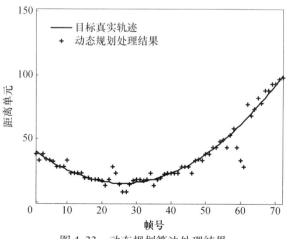

图 4.33　动态规划算法处理结果

动态规划方法对具有一定机动性的运动目标可进行较好的积累。但是,实际雷达系统工作时,目标数目是无法预先确定的。当搜索的目标数目增大到一定程度时,积累检测性能将下降,出现低信噪比下失效的问题。

4.3.2.3 递推贝叶斯滤波方法

递推贝叶斯滤波方法基于贝叶斯概率模型,通过递推滤波的方式,在当前观测值的条件下计算目标状态的后验概率,以此作为判决的依据。

在贝叶斯框架下,跟踪问题就是根据系统的状态方程和观测方程,递推地估计目标状态在各个时刻的后验概率密度函数。描述状态变化的状态转移方程,以及描述状态和观测数据之间联系的观测方程,与前面的动态规划方法类似,只是这里的状态转移方程和观测方程可以是非线性的。重新定义贝叶斯框架下的状态方程和观测方程如下:

$$X_{k+1} = f_k(X_k, V_k) \tag{4.74}$$

式中:f_k 为状态转移矩阵,可以是线性或非线性的,也可随时间变化,但要求已知;X_k 为直到 k 时刻的目标状态,$X_k = \{x_j, j=0,1,2,\cdots,k\}$;$V_k$ 为系统噪声,可以是高斯的或非高斯的,但要求与目标状态相互独立。

上述状态转移方程也可以用概率形式表示(称为状态转移概率):

$$p(X_{k+1} | X_k)$$

观测方程为

$$Z_{k+1} = h_k(X_{k+1}, n_k) \tag{4.75}$$

式中:h_k 表示目标状态和观测之间的关系,它可以是线性或非线性,可以随时间变化,但要求已知;n_k 为观测噪声,可以是高斯的或非高斯的,但要求与目标状态相互独立;Z_k 为直到 k 时刻的观测值,$Z_k = \{z_j, j=0,1,2,\cdots,k\}$。同样的,观测方程也可以用概率形式表示(称为似然函数):

$$p(Z_{k+1} | X_{k+1})$$

在贝叶斯框架下,认为目标状态的所有信息都包含在目标的后验概率密度函数中。目标状态和其他参数都能够从后验概率密度函数中估计。目标的后验概率密度函数定义如下:

$$p(X_{k+1} | Z_{k+1})$$

对于随机过程,最常用的估计就是最小均方误差估计:

$$\hat{X}_k^{MMSE} = \arg\min_{\hat{x}_k} E[(\hat{X}_k - X_k)^2 | Z_k] \tag{4.76}$$

上式为条件均值,其解可用条件概率表示如下:

$$\hat{X}_k^{\text{MMSE}} = \int X_{k+1} p(X_{k+1} \mid Z_{k+1}) \mathrm{d} X_{k+1} \tag{4.77}$$

贝叶斯递推估计器就是递推地估计目标在各个时刻的后验概率密度函数,分为如下两个阶段。

(1) 预测阶段:

$$p(X_{k+1} \mid Z_k) = \int p(X_{k+1} \mid X_k) p(X_k \mid X_k) \mathrm{d} X_k \tag{4.78}$$

(2) 更新阶段:

$$
\begin{aligned}
p(X_{k+1} \mid Z_{k+1}) &= \frac{p(Z_{k+1} \mid X_{k+1}, Z_k) p(X_{k+1} \mid Z_k)}{p(Z_{k+1} \mid Z_k)} \\
&\propto C_{k+1} p(Z_{k+1} \mid X_{k+1}) p(X_{k+1} \mid Z_k)
\end{aligned}
\tag{4.79}
$$

上述两式就是递推的贝叶斯滤波器。

递推贝叶斯滤波方法的基本步骤如下:

(1) 给定 $k=1$ 时刻观测值和目标状态的初始概率,计算其状态后验概率作为目标状态后验概率的初值。

(2) 根据上一时刻 $k-1$ 的后验概率,递推计算当前 k 时刻的目标状态后验概率。

(3) 基于假设检验,利用目标状态后验概率进行目标检测;如果有目标存在,则利用目标状态后验概率进行目标状态参数的估计。

(4) 进入下一时刻,返回步骤(2)继续递推。

在线性模型、高斯噪声以及初始分布为高斯的条件下,递推贝叶斯滤波等效于卡尔曼滤波。当雷达观测数据表现为非线性、非高斯情况时,贝叶斯滤波计算所需的精确概率密度较难获得,因而有研究者引入了数值近似的粒子滤波(PF)方法。粒子滤波通过随机采样,从状态空间中获取独立随机样本(粒子)来近似状态矢量的后验概率密度,根据新的观测值更新和传递粒子。当样本数量足够大时,该方法能够逼近贝叶斯滤波的最优结果。

下面给出贝叶斯滤波的数值仿真示例。将某雷达对空监视的回波数据进行脉冲压缩和动目标检测处理后的每帧雷达数据按时间顺序排列成距离 – 时间二维图,用递推贝叶斯滤波算法进行处理,结果如图 4.34 所示。

递推贝叶斯滤波方法针对目标状态的概率分布进行处理,可充分反映目标的状态信息。由于采用了非线性滤波,该方法更适用于非线性跟踪情况。

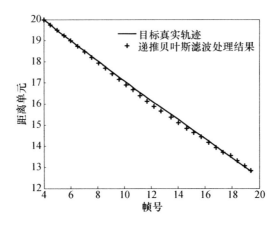

图 4.34　递推贝叶斯滤波算法处理结果

4.3.3　能量积累方法对比

以上分别介绍了相参积累与非相参积累的几种典型方法,两种方法比较如表 4.1 所列。

表 4.1　相参类方法与非相参类方法比较

积累方法 比较项目	相参类	非相参类
模型	雷达回波	图像模型
目标运动信息依赖度	强	中
积累理论增益效果	高	中
信噪比要求	无	有
复杂度	很高	高/中
积累增益	N	$\sqrt{N}$

表 4.1 总结了相参类方法与非相参类方法各自特点。可以看出,长时间积累的方法在实现中均面临跨距离单元补偿、多维度数据压缩等技术问题。具体包括:

(1) 目标在多个距离单元的跨越是非合作的,而且跨越是二维或更高维度的。

(2) 在低信噪比条件下,上述跨越的估计方法都受到限制。

(3) 无论相参类还是非相参类方法,运算量比常规方法都大,实际系统必须在理论方法上加以适当的化简,实现性能与可实现性的折中。

▌4.4 非特定类型运动目标积累技术应用

相参或非相参长时间积累方法主要通过沿着目标轨迹进行持续的能量积累,对于典型运动目标,可采用固定参数的运动模型进行建模处理。对于非特定类型运动目标情况,可以采用非特定类型运动目标建模方法进行描述,但无法预先设定目标运动模型参数。此时,采用长时间积累方法可能导致模型失配,无法有效地完成目标积累,从而影响算法性能。针对这种情况,本节研究目标运动模型参数的自适应估计方法,通过在线估计来更新目标运动参数,使得运动模型参数与目标实际运动相匹配,实现长时间积累算法对非特定类型运动目标的推广。

4.4.1 模型参数更新方法的原理

下面主要考虑基于动态规划的非相参积累处理方法,类似的原理也可以应用到其他处理方法中。

如果基于参数固定的目标模型进行处理,那么在对目标可能的运动轨迹进行搜索时,各个时刻将采用相同的距离搜索范围。设 k 时刻目标的位置为 x_k,运动速度 $d_k \in [-d, d]$(单位为距离单元),在 $k+1$ 时刻,需对 $(x_k - d_k) \in [x_k - d, x_k + d]$ 范围内的距离单元进行目标在 $k+1$ 时刻的轨迹 x_{k+1} 进行搜索。基于固定运动速度参数 d 的情况进行动态规划处理,其缺点在于搜索量较大,且有可能将离目标轨迹较远的强杂波判断为目标。

在上述机动目标的运动模型中,如果对目标速度的变化过程有完全的先验知识,则 $d_k = f_d(k)$ 可以显式的表达。此时,随时间变化的 d_k 是已知的,将其代入 $x_k - d_k$ 中,仅对一个更新的范围 $[x_k - d_k - \Delta, x_k - d_k + \Delta]$ 进行目标轨迹搜索即可。但在雷达实际应用中,目标的速度变化过程是非合作的,通常无法获得准确的运动信息,此时需要先对目标的速度变化进行估计。

针对机动目标的模型参数更新方法:根据 $k-1$ 时刻之前的目标位置检测结果,或者利用其他任何可以获取目标 k 时刻速度的信息,估计目标当前的速度参数 d_k,然后将其应用到动态规划距离搜索范围的参数更新中。

图 4.35 为模型参数更新方法原理框图。其中,原始数据通过短时相干积累及预处理模块,作为信号处理模块(如动态规划处理模块)的输入,并作为目标、杂波估计模块的输入,以便为信号处理模块提供目标特征和杂波特征等参数。目标运动参数估计模块主要负责目标运动模型参数的估计,并将结果传送给信号处理模型,以便进行模型参数的更新以及信号处理。最后,通过轨

迹确认模块进一步对目标轨迹进行确认,得到最终处理结果。

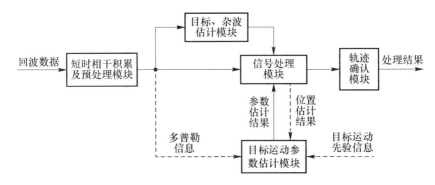

图 4.35　模型参数更新方法原理框图

运用上述方法,可以在目标轨迹上实现能量的连续积累。图 4.35 同时给出了估计目标运动参数 d_k 的几种方法,具体在下一节进行讨论。

4.4.2　参数的获取方法

获取 k 时刻目标速度 d_k 的主要方法如下:

(1) 若对机动目标的速度变化过程 $f_d(k)$ 有先验知识,则直接应用该速度信息 $d_k = f_d(k)$。

(2) 若无速度变化的先验知识,可利用 $k-1$ 时刻之前目标位置输出结果,进行速度的实时估计。

比如,采用过去时刻的位置估计速度,并通过平滑来估计当前速度。假设目标在过去 T 个时刻内,检测跟踪的位置结果为 $x_{k-1}, x_{k-2}, \cdots, x_{k-T}$,可用如下方法估计该目标在 k 时刻的速度:

$$
\begin{aligned}
\hat{v}_k &= \frac{1}{T-1} \sum_{t=1}^{T-1} \hat{v}_{k-t} \\
&= \frac{1}{T-1} \sum_{t=1}^{T-1} (x_{k-t} - x_{k-t-1})
\end{aligned} \tag{4.80}
$$

在上述估计中,需要考虑过去参考时刻数目 T 的大小的选取。对于目标速度变化比较缓慢的情况,可以选择较大的 T(但需保持 T 时间内速度基本相同),有利于消除各时刻速度的随机扰动;对于目标速度变化较快的情况,较早时刻的速度与当前速度的相关性较小,应考虑选择较小的 T,有利于避免过早时刻的不相关速度引入的误差。

为了保证速度估计的准确性,需要选择合理的位置输出结果。对于位置输出结果中与目标轨迹关联度较低的杂点,首先要将其滤除,然后进行速度估计。

此外,速度估计还可以采取其他平滑或滤波手段,如最小二乘拟合、维纳滤波、卡尔曼滤波等。

(3)无速度变化的先验知识时,可利用当前时刻的目标多普勒信息获取目标的速度参数。

通常在雷达信号处理中的动目标检测步骤中,各个时刻的输出为"距离 – 多普勒"二维数据平面,多普勒维度同时反映了目标相对于雷达平台的径向速度信息。

目标多普勒 f_{Doppler} 与其径向速度 v 之间的关系为

$$f_{\text{Doppler}} = \frac{2v}{\lambda_{\text{C}}} \tag{4.81}$$

式中: λ_{C} 为雷达载波信号的波长。

假设共有 N 个多普勒通道,多普勒最大值为 $f_{\max}$,则各多普勒通道宽度 $\Delta f = f_{\max}/N$,第 n 个多普勒通道所对应的多普勒中心值 $f_{n,\text{center}} = (n+1/2)\Delta f$ ($n = 0,1,\cdots,N-1$),该通道的取值范围为 $n\Delta f \leqslant f_n \leqslant (n+1)\Delta f$。

结合式(4.81)知,第 n 个多普勒通道所对应的径向速度范围为

$$v_n \in \left[n\frac{\lambda_{\text{C}}f_{\max}}{2N},(n+1)\frac{\lambda_{\text{C}}f_{\max}}{2N} \right] \tag{4.82}$$

每个多普勒通道对应的速度范围宽度为

$$\Delta v = \Delta f \cdot \frac{\lambda_{\text{C}}}{2} = \frac{f_{\max}}{N} \cdot \frac{\lambda_{\text{C}}}{2} = \frac{v_{\max}}{N} \tag{4.83}$$

若在系统参数中, $f_{\max}$ 和 λ_{C} 较小、 N 较大,则 v_n 的变化范围较小,可以将每个多普勒通道所对应的速度范围近似地限制为该通道中心值所对应的速度中心值,即 $v_{n,\text{center}} = (n+1/2)\Delta v(n = 0,1,\cdots,N-1)$。此时,如果目标在 k 时刻所在的多普勒通道号为 i_k,则它的速度估计值为

$$\hat{v}_k \approx v_{i_k,\text{center}} = \left(i_k + \frac{1}{2} \right) \cdot \Delta v = \left(i_k + \frac{1}{2} \right) \cdot \frac{f_{\max}\lambda_{\text{C}}}{2N} \tag{4.84}$$

该方法无须考虑目标的实际位置和速度,而是对所有"距离 – 多普勒"单元的输出都采用上述方法获取的 $\hat{v}_k$ 进行积累,其中自然包含了对可能的真实目标路径的积累。

该方法适用于雷达发射信号脉冲的间隔较小,高速目标不存在速度模糊的情况;否则,各个多普勒通道可能对应着具有不同模糊数的目标径向速度,需要根据模糊数扩大所应搜索的速度范围。

在实际雷达系统中,若硬件的计算和存储等资源允许,则可以考虑综合采用多种方法进行运动参数估计,增加估计的精度和健壮性。

4.4.3 仿真结果

以图 4.32 显示的待处理回波数据为例,在图 4.33 所给出的动态规划算法处理结果中,由于算法假设了目标每个时刻运动范围为上一时刻位置的前后各 10 个距离单元以内,目标轨迹搜索范围较大,因此处理结果虽然对运动目标真实轨迹进行了有效的检测和跟踪,但是跟踪的精度较低,真实轨迹的估计受强杂波的影响较大。

在此,将动态规划处理参数设置为目标每个时刻运动范围为上一时刻位置的前后各 4 个距离单元以内,处理结果如图 4.36 所示。可见,缩小轨迹搜索范围后,处理结果中目标跟踪精度得到提高,然而在运动参数失配的时刻,有可能失去对目标真实轨迹的有效检测和跟踪。

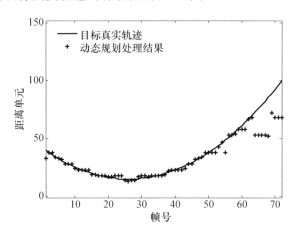

图 4.36 运动模型参数固定的处理结果

下面使用本节提出的基于目标运动模型参数自适应估计的动态规划方法。

首先,在各个时刻加入对目标当前运动速度的估计和更新步骤,这里采用利用 $k-1$ 时刻之前目标位置输出结果进行速度的实时估计的方法。

然后,将轨迹搜索范围进一步缩小为上一时刻位置在所估计的速度下运动后的位置的前后 3 个距离单元以内,避免更多强杂波对目标轨迹的干扰。图 4.37 显示了该方法的处理结果。可见,目标的真实轨迹得到了更有效的检测和跟踪,也获得了较高的跟踪精度。

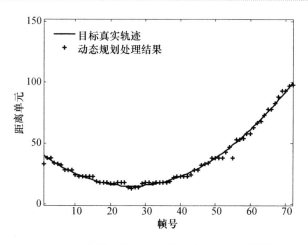

图 4.37　自适应估计运动模型参数的处理结果

◤ 4.5　小　　结

本章首先建立并分析了目标运动学模型,目标种类包括匀速运动目标、匀加速运动目标、存在距离扰动及速度扰动的准平稳运动目标。通过在本系统参数下的分析表明,匀速、匀加速目标径向距离、径向速度、方位角均为时变的,它们随时间变化的情况与目标初始位置、目标速度方向与大小相关。假设参数下,目标发生跨距离单元积累时间远大于目标发生跨距离单元及跨多普勒单元的时间。目标的多普勒频率变化可利用一阶线性曲线近似,其中心频率与 $t=0$ 时刻径向速度分量成正比,频率变化率(调频率)正比于 $t=0$ 时刻的切向速度对应的向心加速度分量与径向加速度分量之和。

其次,在运动目标回波特性分析的基础上,分别研究了相参和非相参积累方法。其中,相参积累方法主要研究了基于 Keystone 变换的长时间跨距离补偿的算法原理、处理性能仿真和基于运动模型的长时间能量积累技术;非相参积累方法主要给出了 Hough 变换类方法、动态规划方法、递推贝叶斯滤波方法等几种典型方法的原理和仿真,最后对两者进行了对比分析。

第 5 章
系统天线布阵

传统射频探测系统(雷达系统)通过阵元将电磁波辐射至空间,通过阵元接收目标反射回来的回波实现目标无线电探测与测距。阵元的分布方式影响电磁波空间的能量分布,以相控阵雷达为例,各阵元辐射相同电磁波信号,在某些区域电磁波会相干叠加形成功率密度高主瓣波束,当阵元间距增大时,波束变窄,功率密度进一步提高直至阵元间距超过半个波长限制,空间多出其他栅瓣[20]。分布式相参射频探测系统打破了阵元布置的半个波长限制,波形的不相关或部分相关使得电磁波在空间形成"宽泛"波束进行探测,阵元的不同分布同样对"宽泛"波束的能量分布存在影响,不同的布阵形式对应不同的电磁波空域特性(方向图),进行相关研究时,直接进行布阵与电磁波空域特性关系研究则较为复杂,本章将分布式相参射频探测系统布阵方式分为阵元级紧凑发射、稀疏接收,阵元级稀疏发射、紧凑接收,子阵级稀疏发射、阵元级紧凑接收三类分别进行讨论,并对非均匀布阵进行了初步探索。

5.1 分析方法

5.1.1 阵元级紧凑发射、稀疏接收

5.1.1.1 理论公式描述及示意图

机载分布式相参射频探测系统侧视阵的坐标如图 5.1 所示,为更加形象表达,在图 5.1 中将阵列进行了放大。

载机雷达速度为 v,方位角为 θ,俯仰角为 φ。图 5.1 为侧视的情形,发射阵可布置在机腹下,接收阵列可布置在机翼部位。机载雷达前视阵坐标如图 5.2 所示。

前视阵时,发射阵列可布置在机头上,接收阵可布置在机翼上或者机腹

下。为了方便分析各种阵列,无论是侧视阵还是前视阵时,都可用图 5.3 简单描述布阵情况。

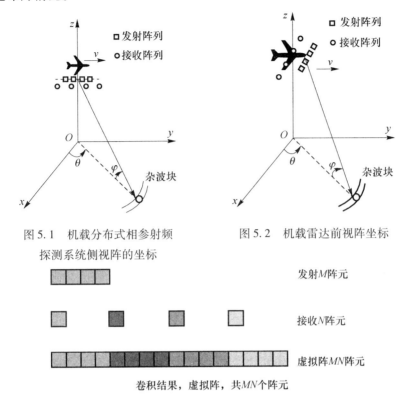

图 5.1　机载分布式相参射频探测系统侧视阵的坐标

图 5.2　机载雷达前视阵坐标

图 5.3　紧凑发射、稀疏接收虚拟阵原理

　　发射阵元数为 M,接收阵元数为 N 个,当在接收端进行匹配滤波后,可以形成长度为 MN 的虚拟阵列,分布式相参雷达相比于相控阵的诸多优点都来源于能够形成虚拟阵列。

　　设第 m 个阵元发射的正交信号为 $s_m(t)$,在空间 θ 方向的合成信号为[34]

$$p(t) = \sum_{m=1}^{M} s_m(t) \mathrm{e}^{-\mathrm{j}(m-1)\phi_\mathrm{T}} \tag{5.1}$$

式中:M 为发射阵元数,$m = 1,2,\cdots,M$;$\phi_\mathrm{T} = 2\pi d_\mathrm{T}\sin\theta/\lambda$,$d_\mathrm{T}$ 为发射阵元间距。

　　第 n 个阵元接收信号为

$$x_n(t) = \mathrm{e}^{-\mathrm{j}(n-1)\phi_\mathrm{R}} p(t) = \mathrm{e}^{-\mathrm{j}(n-1)\phi_\mathrm{R}} \sum_{m=1}^{M} s_m(t) \mathrm{e}^{-\mathrm{j}(m-1)\phi_\mathrm{T}} + v_n(t) \tag{5.2}$$

式中:$n = 1,2,\cdots,N$;$\phi_\mathrm{R} = 2\pi d_\mathrm{R}\sin\theta/\lambda$,$d_\mathrm{R}$ 为接收阵元间距;$v_n(t)$ 为第 n 个接收通道引入的高斯白噪声。

　　$x_n(t)$ 与各正交信号 $s_m(t)$ 匹配滤波,且设目标散射、传播损耗为 ξ,得 M

个输出：

$$x_{nm} = \xi E_m e^{-j(n-1)\phi_R} e^{-j(m-1)\phi_T} + v_{nm} \quad (m = 1, 2, \cdots, M) \tag{5.3}$$

式中

$$E_m = \int_{-\infty}^{\infty} |s_m(t)|^2 dt \tag{5.4}$$

噪声输出为

$$v_{nm} = \int_{-\infty}^{\infty} v_n(t) s_m^*(t) dt \tag{5.5}$$

容易证明,输出噪声的均值为零,且由于波形的正交性,噪声 v_{mk} 间是独立的,其方差为

$$E[|v_{nm}|^2] = E\left\{\iint_{-\infty}^{\infty} v_n(t) s_m^*(t) dt \int_{-\infty}^{\infty} s_m(r) v_n^*(r) dr\right\}$$

$$= \sigma^2 \int_{-\infty}^{\infty} |s_m(t)|^2 dt = \sigma^2 E_m \tag{5.6}$$

对式(5.3),分别取 $m = 1, 2, \cdots, M$,得 M 个输出。设各阵元发射波形能量相同,即 $E_s = E_m$,进行发射波束形成得第 n 个阵元的输出为

$$y_n = \xi e^{-j(n-1)\phi_R} \sum_{m=1}^{M} E_m e^{-j(m-1)\phi_T} + \sum_{m=1}^{M} v_{nm}$$

$$= \xi E_s e^{-j(n-1)\phi_R} \left\{\frac{\sin\left(\frac{M}{2}(\phi_T)\right)}{\sin\left(\frac{1}{2}(\phi_T)\right)} e^{-j\frac{M-1}{2}(\phi_T)}\right\} + \sum_{m=1}^{M} v_{nm} \tag{5.7}$$

经过第一步的等效发射波束形成后,每个接收阵元有一个输出,对这 N 个接收阵元的输出再进行接收波束形成,得最后阵列输出为

$$y = \sum_{n=1}^{N} y_n = \xi E_s \left[\sum_{m=1}^{M} e^{-j(m-1)\phi_T}\right] \left[\sum_{n=1}^{N} e^{-j(n-1)\phi_R}\right] + \sum_{n=1}^{N} \sum_{m=1}^{M} v_{nm} \tag{5.8}$$

$$y = \xi E_s \left[\frac{\sin\left(\frac{M}{2}(\phi_T)\right)}{\sin\left(\frac{1}{2}(\phi_T)\right)} e^{j\frac{M-1}{2}(\phi_T)}\right] \left[\frac{\sin\left(\frac{N}{2}(\phi_R)\right)}{\sin\left(\frac{1}{2}(\phi_R)\right)} e^{j\frac{N-1}{2}(\phi_R)}\right] + \sum_{n=1}^{N} \sum_{m=1}^{M} v_{nm}$$

$$\tag{5.9}$$

输出的信号功率为 $M^2 N^2 |\xi|^2 E_s^2$,噪声方差为 $MN\sigma^2 E_s$,则分布式相参雷达的信噪比为

$$\mathrm{SNR}_{\mathrm{MIMO}} = (M^4 |\xi|^2 E_s^2) / (M^2 \sigma^2 E_s) = MN |\xi|^2 (E_s / \sigma^2)$$

$$= \mathrm{SNR}_{\mathrm{phased}} / M \tag{5.10}$$

式中

$$\mathrm{SNR}_{\mathrm{phased}} = (M^2N^2|\xi|^2E_s^2)/(N\sigma^2E_s) = M^2N|\xi|^2(E_s/\sigma^2) \qquad (5.11)$$

所以,分布式相参雷达最后输出信号的信噪比仅为相控阵模式的 $1/M$,需进行 M 倍的脉冲积累,才能得到相同的检测信噪比。

为简单计,设发射阵元间距 $d_T = \lambda/2$,接收为 N 个阵元,接收阵元间距 $d_R = Md_T$,若发射阵元数为 4,接收阵元数也为 4,正好对应图 5.3 中的情形。此时,有

$$\phi_R = M\phi_T \qquad (5.12)$$

记 $\phi = 2\pi d_T \sin\theta/\lambda = \pi\sin\theta$,根据式(5.8)和式(5.9)可得接收波束形成后的输出为

$$y = \sum_{n=1}^{N} y_n = \xi E_s \left[\sum_{m=1}^{M} e^{-j(m-1)\phi} \right] \left[\sum_{n=1}^{N} e^{-j(n-1)M\phi} \right] + \sum_{n=1}^{N} \sum_{m=1}^{M} v_{nm} \quad (5.13)$$

将累积求和计算,也可表述为

$$y = \xi E_s \left[\frac{\sin\left(\frac{M}{2}(\phi)\right)}{\sin\left(\frac{1}{2}(\phi)\right)} e^{j\frac{M-1}{2}(\phi)} \right] \left[\frac{\sin\left(\frac{N}{2}(M\phi)\right)}{\sin\left(\frac{1}{2}(M\phi)\right)} e^{j\frac{N-1}{2}(M\phi)} \right] + \sum_{n=1}^{N} \sum_{m=1}^{M} v_{nm}$$

$$(5.14)$$

将式(5.14)记为

$$y = \sum_{n=1}^{N} y_n = \xi E_s \left[\sum_{n=1}^{N} \sum_{m=1}^{M} e^{-j(m-1)\phi} e^{-j(n-1)M\phi} \right] + \sum_{n=1}^{N} \sum_{m=1}^{M} v_{nm}$$

$$= \xi E_s \left[\sum_{n=1}^{N} \sum_{m=1}^{M} e^{-j((m-1)+M(n-1))\phi} \right] + \sum_{n=1}^{N} \sum_{m=1}^{M} v_{nm} \qquad (5.15)$$

当 $m = 1, 2, \cdots, M, n = 1, 2, \cdots, N$ 时,$(m-1) + M(n-1) = 0, 1, 2, \cdots, NM - 1$。

所以输出 y 刚好为一 MN 均匀阵元的输出(阵元间距 $d = \lambda/2$),即

$$y = \sum_{n=1}^{N} y_n = \xi E_s \left[\sum_{k=1}^{MN} e^{-j(k-1)\phi} \right] + \sum_{m=1}^{M} \sum_{n=1}^{N} v_{mn} \qquad (5.16)$$

图 5.3 所示的虚拟阵列正是源于式(5.16)。可见,利用图 5.3 所示的阵列结构,可得到 MN 个阵元的阵列口径,有利于提高角度分辨率。

5.1.1.2　方向图仿真

仿真分两组参数,对于每组参数分别考虑仿真目标位于阵列法线方向和

偏离法线方向两组情况。

1）仿真一

方向图仿真参数如表5.1所列。

表5.1　方向图仿真参数

参数	参数值
发射阵元数 M	16
接收阵元数 N	8
波长 λ/m	0.25
发射阵元间距 d_T	$\lambda/2 = 0.125$
接收阵元间距 d_R	$M \cdot \lambda/2$
方位角 $\theta_0/(°)$	0,30

当目标位于法线方向上，即 $\theta_0 = 0°$ 时，发射方向图、接收方向图和等效联合收发方向图如图5.4所示。

如图5.4(a)所示，发射阵列采用紧密布阵的方式，所以不会出现栅瓣，接收阵列采用稀疏布阵方式，在接收方向图中出现了栅瓣如图5.4(b)所示，但是从等效联合收发方向图来看，形成了更窄的主波束且没有栅瓣，等价于一个长度为 MN 的线阵所形成的方向图。由发射方向图和接收方向图可以看出，发射方向图的零点位置正好对应于接收方向图出现栅瓣的位置，所以等效收发方向图中不会出现栅瓣。

当目标偏离阵列法线方向时，设 $\theta_0 = 30°$，方向图仿真结果如图5.5所示。

2）仿真二

方向图仿真参数如表5.2所列。

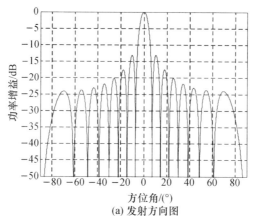

(a) 发射方向图

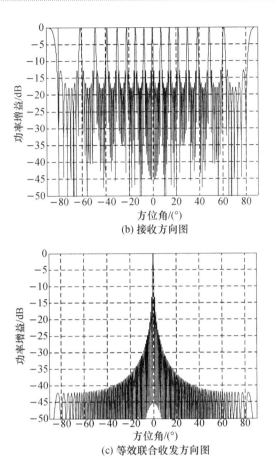

(b) 接收方向图

(c) 等效联合收发方向图

图 5.4　分布式相参射频探测系统方向图(阵元级紧凑发射、稀疏接收)

表 5.2　方向图仿真参数

参数	参数值
发射阵元数 M	32
接收阵元数 N	8
波长 λ/m	0.25
发射阵元间距 d_T	$\lambda/2 = 0.125$
接收阵元间距 d_R	$M \cdot \lambda/2$
方位角 θ_0/(°)	0,30

当目标位于法线方向上,即 $\theta_0 = 0°$ 时,发射方向图、接收方向图和等效联合收发方向图如图 5.6 所示。

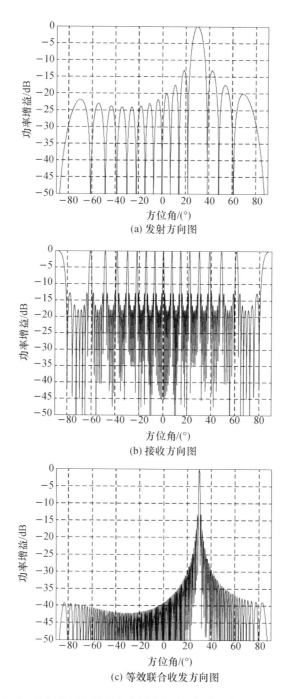

(a) 发射方向图

(b) 接收方向图

(c) 等效联合收发方向图

图5.5 分布式相参雷达方向图(阵元级紧凑发射、稀疏接收)

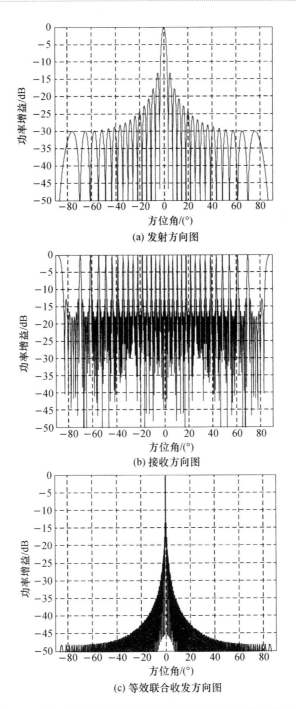

(a) 发射方向图

(b) 接收方向图

(c) 等效联合收发方向图

图 5.6　分布式相参雷达方向图(阵元级紧凑发射、稀疏接收)

当目标偏离阵列法线方向时,设 $\theta_0 = 30°$,方向图仿真结果如图 5.7 所示。

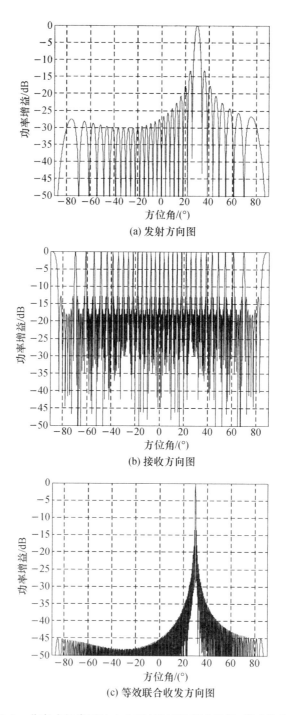

(a) 发射方向图

(b) 接收方向图

(c) 等效联合收发方向图

图 5.7　分布式相参雷达方向图(阵元级紧凑发射、稀疏接收)

5.1.1.3 阵列结构的优、缺点分析

对相控阵模式,若采用图 5.3 的收发阵列形式,尽管也可得到式(5.14)的总的收发联合方向图,但发射部分在空间已经合成,不能再分离,其接收方向图为式(5.14)的第二项,将出现接收栅瓣,无法抑制栅瓣处进入的干扰。分布式相参雷达阵元级紧凑发射、稀疏接收则不会出现这个问题。因此,对图 5.3 所示的阵列结构,分布式相参雷达能抑制从接收栅瓣进入的干扰,特别是转发干扰,而相控阵无此能力。

5.1.2 阵元级稀疏发射、紧凑接收

5.1.2.1 理论公式描述及示意图

同理,如果发射是稀疏阵、接收是紧凑阵,虚拟阵原理如图 5.8 所示。

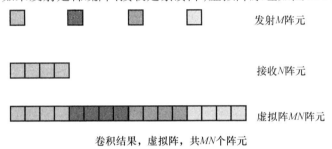

图 5.8 稀疏发射、紧凑接收虚拟阵原理

类似式(5.13),接收信号及波束形成为(对噪声的加权系数省略,下同)

$$y = \sum_{m=1}^{M} y_m = \xi E_s \left[\sum_{n=1}^{N} e^{-j(n-1)M\phi} \right] \left[\sum_{m=1}^{M} e^{-j(m-1)\phi} \right] + \sum_{n=1}^{N} \sum_{m=1}^{M} v_{nm} \quad (5.17)$$

$$y = \xi E_s \left\{ \frac{\sin\left(\frac{N}{2}(M\phi)\right)}{\sin\left(\frac{1}{2}(M\phi)\right)} e^{-j\frac{N-1}{2}(M\phi)} \right\} \left\{ \frac{\sin\left(\frac{M}{2}(\phi)\right)}{\sin\left(\frac{1}{2}(\phi)\right)} e^{-j\frac{M-1}{2}(\phi)} \right\} + \sum_{n=1}^{N} \sum_{m=1}^{M} v_{nm}$$

$$(5.18)$$

比较式(5.14)和式(5.18)可看出,两种模式可得到相同的虚拟阵扩展。式(5.18),如果考虑波束指向为 θ_0,则式(5.18)的方向图为(对噪声的加权系数省略,下同)

$$y = \xi E_s \left\{ \frac{\sin\left(\frac{N}{2}M(\phi-\phi_0)\right)}{\sin\left(\frac{1}{2}M(\phi-\phi_0)\right)} e^{-j\frac{N-1}{2}M(\phi-\phi_0)} \right\} \left\{ \frac{\sin\left(\frac{M}{2}(\phi-\phi_0)\right)}{\sin\left(\frac{1}{2}(\phi-\phi_0)\right)} e^{-j\frac{M-1}{2}(\phi-\phi_0)} \right\} +$$

$$\sum_{n=1}^{N}\sum_{m=1}^{M}v_{nm} \tag{5.19}$$

5.1.2.2 方向图仿真

方向图仿真参数如表5.3所列。

表5.3 方向图仿真参数

参数	参数值
发射阵元数 M	16
接收阵元数 N	8
波长 λ/m	0.25
接收阵元间距 d_R	$\lambda/2 = 0.125$
发射阵元间距 d_T	$N \cdot \lambda/2$
方位角 $\theta_0/(°)$	0,30

当目标位于法线方向上,即 $\theta_0 = 0°$ 时,发射方向图、接收方向图和等效联合收发方向图如图5.9所示。

发射阵列采用稀疏布阵的方式,会出现栅瓣,如图5.9(a)所示,而接收阵列采用紧密布阵方式,在接收方向图中则不会出现栅瓣如图5.9(b)所示,但是从等效联合收发方向图来看,形成了更窄的主波束且没有栅瓣,等价于长度为 MN 的线阵所形成的方向图。由发射方向图和接收方向图可以看出,发射方向图出现栅瓣的位置正好对应于接收方向图零点的位置,所以等效收发方向图中不会出现栅瓣。

当目标偏离法线方向时,令 $\theta_0 = -20°$,发射方向图、接收方向图和等效联合收发方向图如图5.10所示。

5.1.2.3 阵列结构的优、缺点分析

采用阵元级稀疏发射、紧凑接收(图5.8),与阵元级紧凑发射、稀疏接收(图5.3),二者达到的最终联合虚拟收发波束是等价的。对图5.8所示的稀疏发射、紧凑接收阵列结构,如果工作在相控阵模式,尽管也可得到式(5.18)的收发合成方向图,但发射时将出现发射栅瓣,十分不利于射频隐身。

对分布式相参雷达,由于发射时在空间不形成波束,所以无发射栅瓣引起的射频隐身问题,尽管在等效发波束形成时会出现栅瓣,但与接收波束形成合成后,合成的方向图将无栅瓣。

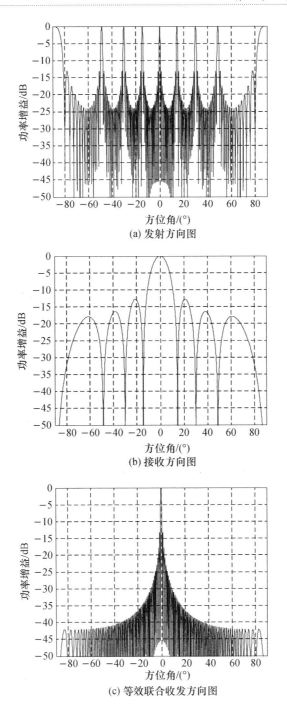

(a) 发射方向图

(b) 接收方向图

(c) 等效联合收发方向图

图 5.9　分布式相参射频探测系统方向图(阵元级稀疏发射、紧凑接收)

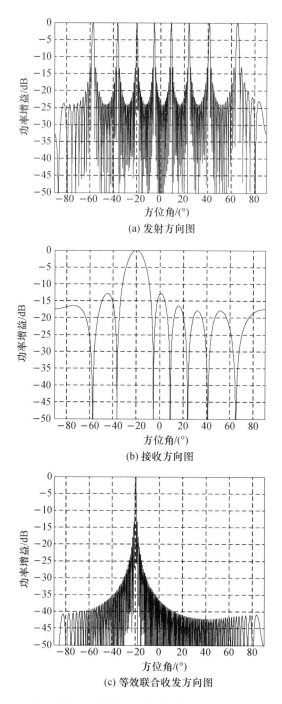

(a) 发射方向图

(b) 接收方向图

(c) 等效联合收发方向图

图 5.10　分布式相参雷达方向图(阵元级稀疏发射、紧凑接收)

5.1.3　子阵级稀疏发射、阵元级紧凑接收

5.1.3.1　理论公式描述及示意图

将 M 个发射阵元分成 K 个子阵,每子阵 L 个阵元,有 $M = KL$,仍设波束指向为法线方向($0°$),每子阵发射信号为 $s_k(t)$。发射分子阵后又可分为子阵内有移相器和无移相器两种情况,如图 5.11 所示。

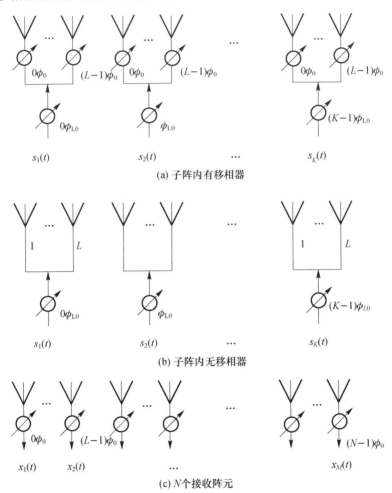

图 5.11　发射阵列划分子阵原理

1) 子阵内有移相器

当子阵内有移相器时,如图 5.11(a)所示,位于远场 θ 方向的目标,信号 $s_k(t)$ 的合成信号为

$$p_k(t) = s_k(t) \sum_{l=1}^{L} \mathrm{e}^{-\mathrm{j}(l-1)\phi} \mathrm{e}^{-\mathrm{j}(k-1)\phi_{\mathrm{L}}} = s_k(t) \left\{ \frac{\sin\left(\frac{L}{2}(\phi)\right)}{\sin\left(\frac{1}{2}(\phi)\right)} \mathrm{e}^{\mathrm{j}\frac{L-1}{2}(\phi)} \right\} \mathrm{e}^{-\mathrm{j}(k-1)\phi_{\mathrm{L}}}$$

$$(5.20)$$

设阵元间距为 d,则子阵间距为 Ld,子阵间空间相位差为

$$\phi_{\mathrm{L}} = L(2\pi d\sin\theta)/\lambda = L\phi \tag{5.21}$$

K 个子阵发射的 K 个信号在目标处的合成信号为

$$p_{\mathrm{L}}(t) = \sum_{k=1}^{K} p_k(t) = \sum_{k=1}^{K} \left[s_k(t) \sum_{l=1}^{L} \mathrm{e}^{-\mathrm{j}(L-1)\phi} \right] \mathrm{e}^{-\mathrm{j}(k-1)\phi_{\mathrm{L}}}$$

$$= \left\{ \frac{\sin\left(\frac{L}{2}(\phi)\right)}{\sin\left(\frac{1}{2}(\phi)\right)} \mathrm{e}^{\mathrm{j}\frac{L-1}{2}(\phi)} \right\} \sum_{k=1}^{K} \left[s_k(t) \mathrm{e}^{-\mathrm{j}(k-1)\phi_{\mathrm{L}}} \right] \tag{5.22}$$

式中:第一项为子阵内方向图。

第 n 个阵元接收信号为

$$x_n(t) = \mathrm{e}^{-\mathrm{j}(n-1)\phi} p_{\mathrm{L}}(t)$$

$$= \mathrm{e}^{-\mathrm{j}(n-1)\phi} \left\{ \frac{\sin\left(\frac{L}{2}(\phi)\right)}{\sin\left(\frac{1}{2}(\phi)\right)} \mathrm{e}^{\mathrm{j}\frac{L-1}{2}(\phi)} \right\} \sum_{k=1}^{K} \left[s_k(t) \mathrm{e}^{-\mathrm{j}(k-1)\phi_{\mathrm{L}}} \right] + v_n(t)$$

$$(5.23)$$

$x_n(t)$ 与各正交信号 $s_k(t)$ 匹配滤波,且设目标散射、传播损耗与相控阵时相同,仍为 ξ,则得

$$x_{nk} = \xi \left\{ \frac{\sin\left(\frac{L}{2}(\phi)\right)}{\sin\left(\frac{1}{2}(\phi)\right)} \mathrm{e}^{\mathrm{j}\frac{L-1}{2}(\phi)} \right\} \mathrm{e}^{-\mathrm{j}(n-1)\phi} E_k \mathrm{e}^{-\mathrm{j}(k-1)\phi_{\mathrm{L}}} + v_{nk} \quad (k = 1,2,\cdots,K)$$

$$(5.24)$$

其中,信号与噪声输出为

$$E_k = \int_{-\infty}^{\infty} |s_k(t)|^2 \mathrm{d}t, \quad v_{nk} = \int_{-\infty}^{\infty} v_n(t) s_k^*(t) \mathrm{d}t$$

噪声 v_{nk} 的方差为

$$E\left[|v_{nk}|^2 \right] = \sigma^2 \int_{-\infty}^{\infty} |s_k(t)|^2 \mathrm{d}t = \sigma^2 E_k \tag{5.25}$$

对式(5.24),分别取 $k = 1,2,\cdots,K$,得 K 个输出,设各阵元发射波形能量

相同,即 $E_s = E_k$,进行发射波束形成得第 m 个阵元的输出为

$$y_n = \xi E_s e^{-j(n-1)\phi} \left\{ \frac{\sin\left(\frac{L}{2}(\phi)\right)}{\sin\left(\frac{1}{2}(\phi)\right)} e^{j\frac{L-1}{2}(\phi)} \right\} \sum_{k=1}^{K} \left[e^{-j(k-1)\phi_L} \right] + \sum_{k=1}^{K} v_{nk} \quad (5.26)$$

对 N 个阵元的输出,进行接收波束形成,可得阵列最后输出,即

$$y = \sum_{n=1}^{N} y_n = \xi E_s \left\{ \frac{\sin\left(\frac{L}{2}(\phi)\right)}{\sin\left(\frac{1}{2}(\phi)\right)} e^{j\frac{L-1}{2}(\phi)} \right\} \left[\sum_{k=1}^{K} e^{-j(k-1)\phi_L} \right] \left[\sum_{n=1}^{N} e^{-j(n-1)\phi} \right] +$$

$$\sum_{n=1}^{N} \sum_{k=1}^{K} v_{nk} \quad (5.27)$$

$$y = \xi E_s \left\{ \frac{\sin\left(\frac{L}{2}(\phi)\right)}{\sin\left(\frac{1}{2}(\phi)\right)} e^{j\frac{L-1}{2}(\phi)} \right\} \left\{ \frac{\sin\left(\frac{K}{2}(\phi_L)\right)}{\sin\left(\frac{1}{2}(\phi_L)\right)} e^{j\frac{K-1}{2}(\phi_L)} \right\} \left\{ \frac{\sin\left(\frac{M}{2}(\phi)\right)}{\sin\left(\frac{1}{2}(\phi)\right)} e^{j\frac{M-1}{2}(\phi)} \right\} +$$

$$\sum_{n=1}^{N} \sum_{k=1}^{K} v_{nk} \quad (5.28)$$

式(5.27)中:第一项为发射子阵内方向图,该项在空间已合成,不能再拆分;第二项为发射子阵间方向图(阵因子方向图);第三项为接收阵列方向图。

由式(5.28)可看出,输出信号的最大功率为 $K^2 L^2 M^2 |\xi|^2 E_s^2$,噪声方差为 $MK\sigma^2 E_s$,分布式相参雷达下的信噪比为

$$\mathrm{SNR}_{\mathrm{MIMO}} = (K^2 L^2 M^2 |\xi|^2 E_s^2) / (MK\sigma^2 E_s) = MKL^2 |\xi|^2 (E_s/\sigma^2)$$

$$= \mathrm{SNR}_{\mathrm{phased}} / K \quad (5.29)$$

所以,对分为 K 个子阵的分布式相参雷达,最后输出信号的信噪比仅为相控阵模式的 $1/K$,需进行 K 倍的脉冲积累,才能得到相同的检测信噪比。

如图 5.11(a)所示,设子阵内每个阵元能进行移相控制,且设波束指向为 θ_0 方向,令 $\phi_0 = 2\pi d\sin\theta_0/\lambda$,$\phi_{L0} = L\phi_0$,收发联合的方向图可表示为

$$|Y(\phi)| = |Y_1(\phi)| |Y_2(\phi)| |Y_3(\phi)|$$

$$= \left| \frac{\sin\left(\frac{L}{2}(\phi - \phi_0)\right)}{\sin\left(\frac{1}{2}(\phi - \phi_0)\right)} \right| \left| \frac{\sin\left(\frac{K}{2}(\phi_L - \phi_{L0})\right)}{\sin\left(\frac{1}{2}(\phi_L - \phi_{L0})\right)} \right| \left| \frac{\sin\left(\frac{M}{2}(\phi - \phi_0)\right)}{\sin\left(\frac{1}{2}(\phi - \phi_0)\right)} \right|$$

$$(5.30)$$

式中:发射子阵内方向图为 $Y_1(\phi)$;发射子阵间方向图(阵因子方向图)为

$Y_2(\phi)$；接收阵列方向图为 $Y_3(\phi)$，当然，发射合成方向图也为 $Y_3(\phi)$。

2）子阵内无移相器

如果子阵内每个阵元无移相器，如图 5.11（b）所示，即不能对子阵内方向图进行指向控制。则由式（5.30）可得收发合成的方向图表达式为

$$|Y(\phi)| = |Y_1(\phi)||Y_2(\phi)||Y_3(\phi)|$$

$$= \left|\frac{\sin\left(\dfrac{L}{2}(\phi)\right)}{\sin\left(\dfrac{1}{2}(\phi)\right)}\right|\left|\frac{\sin\left(\dfrac{K}{2}(\phi_L - \phi_{L0})\right)}{\sin\left(\dfrac{1}{2}(\phi_L - \phi_{L0})\right)}\right|\left|\frac{\sin\left(\dfrac{M}{2}(\phi - \phi_0)\right)}{\sin\left(\dfrac{1}{2}(\phi - \phi_0)\right)}\right|$$

$$(5.31)$$

式中：第一项为发射子阵内方向图；第二项为发射间阵因子方向图；第三项为接收方向图。

由主瓣宽度公式，并考虑阵元间距半个波长，可得

$$\Delta\theta_{0.5} = \frac{50.8°\lambda}{Ld\cos\theta_0} = \frac{101.6°}{L}$$

$$(5.32)$$

当子阵阵元数 $L = 4$，主瓣的 3dB 宽度约为 25.4°，或为 ±12.7°；对子阵阵元数 $L = 3$，主瓣的 3dB 宽度约为 33.9°，或为 ±17°。

因此，对基于子阵发射的分布式相参雷达，在阵元无移相器控制的条件下，不能实现宽角度扫描。

5.1.3.2 方向图仿真

方向图仿真参数如表 5.4 所列。

表 5.4 方向图仿真参数

参数	参数值
发射阵元数 M	16
子阵数 K	4
接收方向图 N	16
子阵内阵元数 L	4
波长 λ/m	0.25
接收阵元间距 d_R	$\lambda/2 = 0.125$
发射阵元间距 d_T	$N \cdot \lambda/2$
方位角 θ_0/（°）	0

对阵元 $M = 16$，子阵数（正交波形数）$K = 4$，子阵内阵元数 $L = 4$，方向图如图 5.12 所示。

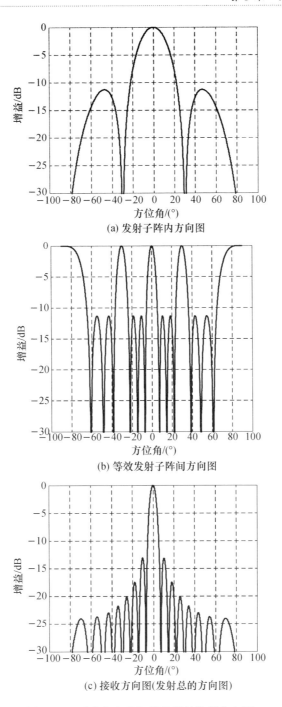

(a) 发射子阵内方向图

(b) 等效发射子阵间方向图

(c) 接收方向图(发射总的方向图)

图 5.12　子阵内有移相器的等效发射方向图

5.1.3.3　阵列结构的优缺点分析

如图 5.12 可知,子阵内的发射方向图和在接收端形成的等效子阵间发射方向图之积与发射端不划分子阵的形式是等价的,在机载雷达用于探测地面目标的性能上是类似的。需要注意,划分子阵发射的子阵内方向图在发射时已经形成,一个子阵内的各子阵发射的同一个正交信号的不同相移在空间进行了幅度叠加,所以相比于不划分子阵时,隐身性能变差。

隐身能力的强弱可以等价地通过发射信号能量在空间的分布进行分析,仿真条件参见表 5.4,信号在空间能量的分布如图 5.13 所示。

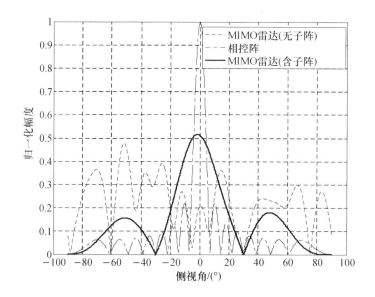

图 5.13　发射信号能量空间分布对比

可见相控阵雷达的隐身能力最差,而分布式相参雷达不划分子阵在空间能量的分布在所有角度上基本是相同的,呈现一定的随机性,这是由各发射信号初始相位的随机性导致的,如果进行多次仿真取平均值,则能量在空间分布近似为 $1/K$(对幅度进行了归一化)。而分布式相参雷达划分子阵后,则空间能量分布由于子阵内发射波束形成使得在主瓣内空间能量介于相控阵和分布式相参雷达不划分子阵的情况,即主瓣内的隐身性能由于相控阵雷达而弱于分布式相参雷达不划分子阵的情况,在旁瓣区域隐身性能则优于分布式相参雷达不划分子阵的情况。

5.1.4　其他情况

图 5.3 所示的紧凑发射、稀疏接收阵列中,如果接收的稀疏阵元间隔是非均匀的,且间隔大于发射和阵列口径(图 5.14)。匹配滤波后的第 n 阵元接收信号可表示为

$$x_{nk} = \xi E_k \mathrm{e}^{-\mathrm{j}\beta_n} \mathrm{e}^{-\mathrm{j}(k-1)\phi} + \xi_j E_k \mathrm{e}^{-\mathrm{j}\beta_{2n}} \mathrm{e}^{-\mathrm{j}(k-1)\phi_2} + v_{nk} \quad (k = 1, 2, \cdots, M) \quad (5.33)$$

式中:参考相位 $\beta_1 = \beta_{21} = 0$;接收阵元相位(相对于参考阵元)为

$$\beta_n = (2\pi d_n \sin\theta)/\lambda, \ d_n = d_{R1} + \cdots + d_{R(n-1)}$$

$$\beta_{2n} = (2\pi d_n \sin\theta_2)/\lambda, \ d_n = d_{R1} + \cdots + d_{R(n-1)}$$

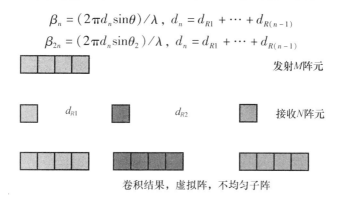

图 5.14　紧凑发射、不均匀稀疏接收阵列

对式(5.33)进行等效发射波束形成,在正常接收目标信号的同时,可用发射波束形成抑制 θ_2 方向的转发干扰;然后进行接收波束形成,此时会出现接收栅瓣。

对图 5.14 中的 N 个阵元进行优化布阵,降低栅瓣,是后续工作中需研究的内容。

不均匀稀疏发射、紧凑接收阵列如图 5.15 所示。类似式(5.33),匹配滤波后的第 m 阵元接收信号可表示为

$$x_{mk} = \xi E_k \mathrm{e}^{-\mathrm{j}(m-1)\phi} \mathrm{e}^{-\mathrm{j}\beta_k} + \xi_j E_k \mathrm{e}^{-\mathrm{j}(m-1)\phi_2} \mathrm{e}^{-\mathrm{j}\beta_{2k}} + v_{mk} \quad (k = 1, 2, \cdots, N)$$

$$(5.34)$$

式中:参考相位 $\beta_1 = \beta_{21} = 0$;发射和信号间的相位(相对参考发射阵元)为

$$\beta_k = 2\pi d_k \sin\theta/\lambda, \ d_k = d_{T1} + \cdots + d_{T(k-1)}$$

$$\beta_{2k} = 2\pi d_k \sin\theta_2/\lambda, \ d_k = d_{T1} + \cdots + d_{T(k-1)}$$

对式(5.34)进行收发联合波束形成,在正常接收目标信号的同时,抑制 θ_2 方向的干扰。应注意此时等效发射波束形成会出现栅瓣。

对图 5.15 中的 N 个阵元进行优化布阵,降低栅瓣,是后续工作中需研

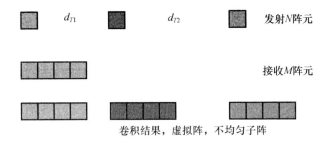

图 5.15　稀疏发射、不均匀紧凑接收阵列

究的内容。另外,发射和接收都是不均匀稀疏阵的情况,也需研究其优化问题。

5.2　小　　结

　　本章针对分布式相参射频探测系统阵元级紧凑发射、稀疏接收,阵元级稀疏发射、紧凑接收,子阵级稀疏发射、阵元级紧凑接收三种布阵方式,分别进行了辐射电磁波的空间特性研究(方向图),分析结果表明,由于分布式相参射频探测系统在接收端通过信号处理的方式进行了发、收信号的综合,实现了发射、接收孔径的综合,综合后的孔径是发射、接收孔径之和,提高了系统的角度分辨力;虽然稀疏导致栅瓣的出现,但综合后的孔径并无栅瓣,并不会出现相控阵出现的栅瓣引入的杂波、干扰以及隐身问题。

第 6 章

系统杂波分析

地形、地物、海浪、云雨等反射的不期望的回波统称为杂波。它主要分为地物杂波、海面杂波和气象杂波。机载平台下,雷达工作在下视状态,接收机接收大量地面杂波而影响雷达的探测性能,机载平台探测系统的杂波研究一直是探测系统研究的重点。机载分布式相参射频系统作为新一代探测系统,通过杂波特性分析,找出相应杂波抑制方法是保证该系统工程应用的重要环节。

▨ 6.1 杂波模型

机载相控阵雷达信号、杂波和噪声的矢量空间为空 – 时两维矢量,由于机载分布式相参探测系统发射信号分集,信号矢量空间空域维扩展为发射 – 接收两维,相应其矢量空间扩展为发射 – 接收 – 时间三维矢量。信号空间维数的增加,要求杂波的分析使用发射 – 接收 – 时间三维模型,图 6.1 示出了机载分布式相参射频探测系统天线阵列几何模型。假设 P 为地面静止点散射体,在天线阵列坐标系中的俯角和方位角分别为 ψ、θ,雷达视线的单位矢量 $\boldsymbol{n}_1 = [\cos\theta\cos\psi, \sin\theta\cos\psi, \sin\psi]^T$。发射阵列单元和接收阵列单元等间距线性分布,发射阵列单元间距和接收阵列单元间距分别 dt、dr,阵列轴线与雷达视线的夹角为 β,与 x 轴方向的夹角为 Φ,阵列单元在阵列坐标系的单位矢量 $\boldsymbol{n}_2 = [\cos\phi, \sin\phi, 0]^T$。载机以速度 v 沿 x 轴做匀速直线运动,与雷达视线的角度为 α,与阵列轴线的夹角为 Φ,在阵列坐标系的单位矢量 $\boldsymbol{n}_3 = [1, 0, 0]^T$。假设发射阵元数为 M,接收阵元数为 N,脉冲时间周期为 L。

在每个脉冲重复周期内,发射信号集为

$$\boldsymbol{S} = [S_0, S_1, \cdots, S_{M-1}]^T \tag{6.1}$$

式中: S_m 为第 $m(m = 0, 1, 2, \cdots, M-1)$ 个发射阵元发射的波形,波形之间满足正交性。

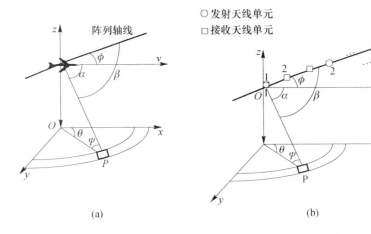

图 6.1 分布式相参射频探测系统天线阵列几何模型

相位参考点选取最左边的天线阵列单元,则在第 l 个时间脉冲周期内,由第 n 个接收阵列单元接收经点散射体 P 散射的第 m 个发射阵元发射的波形为

$$S_{r,m,n,l}(\theta,\varphi) = A(\theta,\varphi)S_m \mathrm{e}^{\mathrm{j}\omega_0\left(t-\frac{2R_0}{c}\right)} \mathrm{e}^{\Delta\varphi_m(\theta,\varphi)} \mathrm{e}^{\Delta\varphi_n(\theta,\varphi)} \mathrm{e}^{\Delta\varphi_l(\theta,\varphi)} \qquad (6.2)$$

式中:$A(\theta,\varphi)$ 为杂波点散射体 P 的复幅度,与杂波后向散射系数及雷达有效截面积有关,为方便起见,假设杂波的统计特性服从均值为零的复高斯分布特性;$\omega_0 = 2\pi f_0$,f_0 为雷达工作频率;R_0 为初始时刻杂波点散射体 P 与雷达中心的距离;$\Delta\varphi_m(\theta,\varphi)$ 为发射阵元 m 相对于原点的相移;$\Delta\varphi_n(\theta,\varphi)$ 为接收阵元 n 相对于原点的相移;$\Delta\varphi_l(\theta,\varphi)$ 为载机运动 l 个脉冲处理周期相对于原点的相移。

$$\Delta\varphi_{\mathrm{ST},m}(\theta,\varphi) = \mathrm{j}\frac{2\pi}{\lambda}md_{\mathrm{t}}\boldsymbol{n}_1 \cdot \boldsymbol{n}_2$$

$$\Delta\varphi_{\mathrm{SR},n}(\theta,\varphi) = \mathrm{j}\frac{2\pi}{\lambda}nd_{\mathrm{r}}\boldsymbol{n}_1 \cdot \boldsymbol{n}_2$$

$$\Delta\varphi_{\mathrm{T},l}(\theta,\varphi) = \mathrm{j}2\pi f_{\mathrm{d}}lT \qquad (6.3)$$

式中:T 为脉冲重复间隔,其倒数为脉冲重复频率;f_{d} 为多普勒频率,$f_{\mathrm{d}} = 2v\boldsymbol{n}_1 \cdot \boldsymbol{n}_3/\lambda$。若一个距离环上存在 N_{c} 个杂波散射单元,则第 n 个接收阵元在第 l 个脉冲时间周期接收的信号为

$$S_{r,n,l}(\varphi) = \sum_{q=1}^{N_{\mathrm{c}}}\sum_{i=1}^{M-1} \mathrm{e}^{\Delta\varphi_m(\theta_q,\varphi)} S_m A(\theta_q,\varphi)\mathrm{e}^{\mathrm{j}\omega_0\left(t-\frac{2R_0}{c}\right)} \mathrm{e}^{\Delta\varphi_n(\theta_q,\varphi)} \mathrm{e}^{\Delta\varphi_l(\theta_q,\varphi)} \quad (6.4)$$

对式(6.4)解调和匹配滤波之后,则第 n 个阵列单元在第 l 个脉冲时间周期内的接收信号为

机载分布式相参射频探测系统

$$S_{r,n,l}(\boldsymbol{\varphi}) = \sum_{q=1}^{N_c} \hat{A}(\theta_q, \boldsymbol{\varphi}) \, \mathrm{e}^{\Delta\varphi_m(\theta_q,\varphi)} \, \mathrm{e}^{\Delta\varphi_n(\theta_q,\varphi)} \, \mathrm{e}^{\Delta\varphi_l(\theta_q,\varphi)} \qquad (6.5)$$

式中:$\hat{A}(\theta,\boldsymbol{\varphi}) = A(\theta,\boldsymbol{\varphi})\mathrm{e}^{-\mathrm{j}\omega_0 2R_0/c}$。

假设发射空间导向矢量、接收空间导向矢量及时间导向矢量分别为

$$\boldsymbol{S}_{St}(\theta,\boldsymbol{\varphi}) = [\, 1, \mathrm{e}^{\Delta\varphi_1(\theta,\varphi)}, \cdots, \mathrm{e}^{\Delta\varphi_{M-1}(\theta,\varphi)} \,]^{\mathrm{T}}$$
$$\boldsymbol{S}_{Sr}(\theta,\boldsymbol{\varphi}) = [\, 1, \mathrm{e}^{\Delta\varphi_1(\theta,\varphi)}, \cdots, \mathrm{e}^{\Delta\varphi_{N-1}(\theta,\varphi)} \,]^{\mathrm{T}} \qquad (6.6)$$
$$\boldsymbol{S}_{T}(\theta,\boldsymbol{\varphi}) = [\, 1, \mathrm{e}^{\Delta\varphi_1(\theta,\varphi)}, \cdots, \mathrm{e}^{\Delta\varphi_{L-1}(\theta,\varphi)} \,]^{\mathrm{T}}$$

则接收机接收到的回波为

$$\boldsymbol{S}_{r}(\boldsymbol{\varphi}) = \sum_{q=1}^{N_c} \hat{A}(\theta_q, \boldsymbol{\varphi}) \boldsymbol{S}_{St}(\theta,\boldsymbol{\varphi}) \otimes \boldsymbol{S}_{Sr}(\theta,\boldsymbol{\varphi}) \otimes \boldsymbol{S}_{T}(\theta,\boldsymbol{\varphi}) \qquad (6.7)$$

式中:"$\otimes$"表示克罗内克积;$\boldsymbol{S}_r(\boldsymbol{\varphi}) \in \boldsymbol{C}_{NML \times 1}$。由于受实际情况影响,杂波模型表现为幅度和相位有一定的变化。

根据机载分布式相参射频探测系统的杂波模型,杂波的特性主要表现为杂波多普勒对天线阵列布置的依赖、杂波多普勒的距离依从性及杂波的空 – 时特性。因此,本章基于此对杂波特性展开研究,目的在于解决信号空间中杂波抑制的问题,并将传统的空 – 时二维处理方法扩展到三维处理空间。

6.2 杂波特性及抑制方法

6.2.1 杂波特性

6.2.1.1 空间 – 多普勒特性

空间 – 多普勒特性是杂波在空 – 时二维平面的刻画,表征多普勒方位平面上的杂波谱轨迹。空间部分的特性是指方向上的特性,多普勒部分特性是指时间上的特性。当机载雷达处于下视工作状态时,接收机接收目标的同时会接收大量的杂波干扰。主瓣照射的杂波为主瓣杂波,副瓣照射的杂波为副瓣杂波,如图 6.2 所示。因此,波束形成决定多普勒分布,杂波在空 – 时平面具有耦合特性。

根据图 6.2,假设波束指向角为 β,雷达视线的单位矢量 $\boldsymbol{n}_4 = [\cos\beta, 0, 0]^{\mathrm{T}}$,则 $\boldsymbol{n}_4 = \boldsymbol{n}_1 \cdot \boldsymbol{n}_2$,即

$$\cos\beta = \cos\theta\cos\phi\cos\psi + \sin\theta\sin\phi\cos\psi \qquad (6.8)$$

杂波的多普勒频率 $f_d = 2v\boldsymbol{n}_1 \cdot \boldsymbol{n}_3/\lambda$,多普勒频率与径向速度成正比,与雷

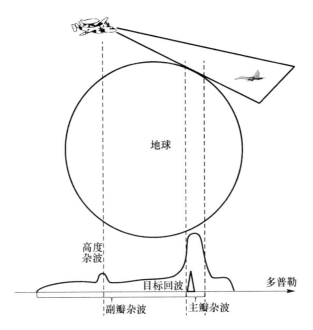

图 6.2　杂波的空间 – 多普勒特性

达工作频率成反比。其中 $\boldsymbol{n}_1 \cdot \boldsymbol{n}_3 = \cos\theta\cos\psi$，表示速度在雷达视线方向的投影，即有 $\cos\alpha = \cos\theta\cos\psi$。将杂波多普勒频率与波束指向角联系起来，则有

$$\cos\beta = \frac{\lambda f_{\mathrm{d}}}{2v}\cos\phi + \sin\theta\sin\phi\cos\psi \qquad (6.9)$$

式中：ϕ 为阵列轴线与速度方向的夹角。

由式（6.9）可看出，当 $\phi = 0°$，则有 $\cos\beta = \lambda f_{\mathrm{d}}/2v$，空间 – 多普勒频率为一条直线，斜率为 $\lambda/2v$。此时，可以根据先验知识得到杂波在空 – 时平面的轨迹。当 $\phi = 90°$ 时，由式（6.9）可知

$$\cos^2\beta + \frac{\lambda^2 f_{\mathrm{d}}^2}{4v^2} = \cos^2\psi \qquad (6.10)$$

多普勒频率与波束指向角满足二次曲线关系，杂波谱在空 – 时平面为一系列椭圆。$\cos^2\psi = 1 - H^2/R^2$，H 为雷达高度，R 为雷达到杂波点散体 P 的距离，此时杂波的空间、多普勒和距离维相互影响。图 6.3 分别为 $\phi = 0°$，$\phi = 30°$，杂波的空 – 时轨迹。由图 6.3 看出：$\phi = 0°$ 时，杂波空 – 时轨迹为一条直线，与距离无关；$\phi = 30°$ 时，杂波空 – 时轨迹表征为一个受距离影响的椭圆。

ϕ 与阵列轴线的指向有关：当 $\phi = 0°$ 时，为侧视阵；当 $\phi = 90°$ 时，为前视阵；当 $\phi \in (0°, 90°)$ 时，为斜视阵。单一距离增量上杂波的空间 – 多普勒特性主要与阵列轴线指向有关。假设常规机载雷达和机载分布式相参射频探测系

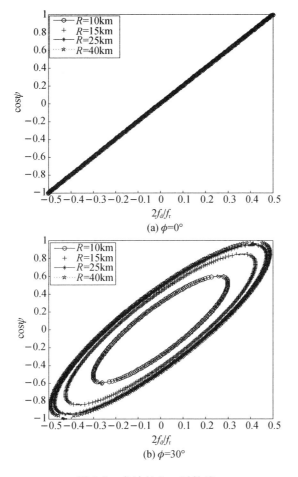

图 6.3 杂波的空 – 时轨迹

统其阵列轴线指向相同,并且具有相同的载机速度和工作波长,针对同一杂波散射单元具有相同的空间 – 多普勒特性。

6.2.1.2 距离 – 多普勒特性

单一方位角增量上杂波的距离 – 多普勒特性。通过分析式(6.9)可知,$\phi = 0°$时,多普勒频率与距离无关,即杂波多普勒频率在距离维上的投影为固定值。当 $\phi \neq 0°$时,多普勒频率与距离之间的关系为

$$f_{\mathrm{d}} = f_{\mathrm{dm}}\left(\cos\phi\cos\alpha - \sqrt{1 - (H/R)^2 - \cos^2\alpha}\sin\phi \right) \qquad (6.11)$$

式中:$R \geqslant H/\sin\alpha$;f_{dm}为最大多普勒频率,$f_{\mathrm{dm}} = 2v/\lambda$。

对式(6.11)求导可得

$$\frac{\mathrm{d}f_{\mathrm{d}}}{\mathrm{d}R} = \frac{-f_{\mathrm{dm}}\sin\phi H^2 R^{-3}}{\sqrt{1 - (H/R)^2 - \cos^2\alpha}} \qquad (6.12)$$

由式(6.12)看出:当 $\psi \in (0, 90°)$ 时,多普勒频率的一阶导数小于 0,这说明多普勒频率随距离增大而降低;当 $\psi \in (-90°, 0°)$ 时,多普勒频率的一阶导数大于 0,多普勒频率随距离增大而增大。多普勒频率的变化率与距离的立方成反比,当距离增大到一定程度时,变化率近似为 0,即此时多普勒频率不随距离变化。因此,近程对多普勒频率的影响大,多普勒频率变化快,难以满足自适应要求。

图 6.4 为杂波的距离 – 多普勒轨迹。当 $\phi = 0°$ 时,杂波多普勒频率与距离无关。当 $\phi = 60°$ 和 $\phi = -60°$ 时,在近距离处,杂波的多普勒频率变化迅速,随距离增大多普勒频率趋近恒值。

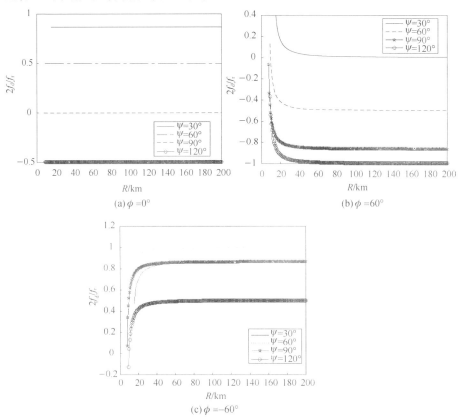

(a) $\phi = 0°$

(b) $\phi = 60°$

(c) $\phi = -60°$

图 6.4　杂波的距离 – 多普勒轨迹

杂波的距离 – 多普勒特性主要与阵列轴线指向有关。假设常规机载雷达和机载分布式相参射频探测系统其阵列轴线指向相同,并且具有相同的载机速度和工作波长,针对同一杂波散射单元具有相同的距离－多普勒特性。

6.2.1.3　杂波协方差矩阵

杂波协方差矩阵在杂波抑制及杂波谱中发挥着主要作用。根据式(6.6),单一距离增量上的杂波模型为

$$S_{rm,n,l} = \sum_{q=1}^{N_c} \hat{A}(\theta_q,\varphi) \, \mathrm{e}^{\mathrm{j}\frac{2\pi}{\lambda} m d_t \cos\beta_p} \mathrm{e}^{\mathrm{j}\frac{2\pi}{\lambda} n d \cos\beta_p} \mathrm{e}^{\mathrm{j}4\pi v l T \cos\alpha_p / \lambda_2} \tag{6.13}$$

式中:$m=1,2,\cdots,M-1$;$n=1,2,\cdots,N-1$;$l=1,2,\cdots,L-1$。

若 $f_s = 2\pi d_r \cos\beta_p / \lambda$,$\gamma = d_t / d_r$,$\kappa = 2vT\cos\alpha / d_r \cos\beta$,则

$$S_{rm,n,l} = \sum_{q=1}^{N_c} \hat{A}(\theta_q,\varphi) \, \mathrm{e}^{\mathrm{j}(n+m\gamma+l\kappa)f_s} \tag{6.14}$$

假设 $\hat{A}(\theta_q,\varphi)$ 是均值为 0、方差为 σ_q^2 的独立随机变量,对式(6.14)求自相关的期望:

$$R[m,n,l;m',n',l'] = E\{S_{rm,n,l}S_{rm',n',l'}^*\} = \sum_{q=1}^{N_c} \sigma_q^2 \mathrm{e}^{\mathrm{j}[(n-n')+(m-m')\gamma+(l-l')\kappa]f_s} \tag{6.15}$$

式中

$$E\left\{\sum_{q=1}^{N_c}\sum_{p=1}^{N_c} \hat{A}(\theta_p,\varphi)\hat{A}(\theta_q,\varphi)\right\} = \sum_{q=1}^{N_c}\sigma_q^2 \text{。}$$

令 $\Delta m = m-m'$,$\Delta n = n-n'$,$\Delta l = l-l'$,则式(6.15)可写为

$$R[m,n,l;m',n',l'] = R[\Delta m,\Delta n,\Delta l] = \sum_{q=1}^{N_c}\sigma_q^2 \mathrm{e}^{\mathrm{j}[\Delta n+\Delta m\gamma+\Delta l\kappa]f_s} \tag{6.16}$$

因此,理想环境下杂波过程在发射维、接收维及时间维均为平稳过程。与常规机载雷达相比,机载分布式相参射频探测系统空域维增加了发射维。假设 $\Delta k = \Delta n + \Delta m\gamma$,则常规机载雷达和机载分布式相参射频探测系统具有杂波自相关具有相同的表达式:

$$R[\Delta k,\Delta l] = \sum_{q=1}^{N_c}\sigma_q^2 \mathrm{e}^{\mathrm{j}(\Delta k+\Delta l\kappa)f_s} \tag{6.17}$$

杂波协方差矩阵为

$$\boldsymbol{R}_c = [R[\Delta k,\Delta l]]_{MNL\times MNL} \tag{6.18}$$

式中:[ ]为矩阵标记。

因为 $R[\Delta k,\Delta l] = R[\Delta l,\Delta k]$,所以杂波协方差矩阵具有对称性。若仅考虑发射维和接收维的回波相关性,即假设 $\Delta l=0$,则发射维和接收维等效于常规机载雷达的空域维和时域维。同理,假设 $\Delta m=0$ 和 $\Delta n=0$,杂波在发射维、接收维和时间维的任意二维特性等同于常规机载雷达的空－时二维特性,即机载分布式相参射频探测系统杂波在发射维、接收维和时间维存在等效性。

6.2.1.4　杂波自由度

与机载相控阵雷达相比,机载分布式相参系统改变了系统自由度和杂波自由度。系统自由度表征对系统误差的调整能力,用于杂波干扰抑制、目标检测和参数估计;杂波自由度表征杂波占据的矢量空间。任何杂波干扰抑制要求系统自由度至少超过杂波自由度。杂波自由度是杂波加噪声协方差矩阵所占据的大特征值的个数,与系统的输入杂噪比,雷达照射地面有效面积及系统参数等因素有关。对杂波加噪声协方差矩阵进行特征值分解:

$$R = E\Lambda E^{\mathrm{H}} \tag{6.19}$$

式中:E 为特征矢量构成的矩阵;Λ 为对角矩阵;对角元素为特征值。

假设 $N = 5, M = 5, K = 16$,则其系统自由度为 400,根据式(6.19)可以得到杂波的特征值分布,如图 6.5 所示。

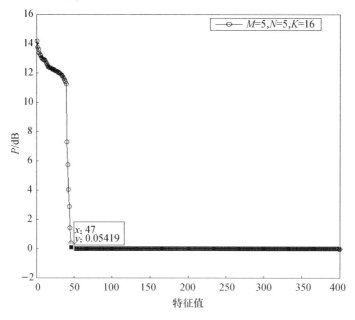

图 6.5　机载分布式相参射频探测系统杂波特征谱(见彩图)

图 6.5 中,横坐标表示杂波和噪声的特征值分布,纵坐标表示特征值的大小,图中的拐点为杂波与噪声分布的临界点,大特征值属于杂波子空间,小特征值属于噪声子空间,临界值为杂波子空间大小,即杂波自由度为 47。

正侧视阵列机载分布式相参射频探测系统杂波特征值数估计规则为

$$N_{\mathrm{MIMO}} = N + \alpha(M - 1) + \gamma(K - 1) \tag{6.20}$$

式中:α 为发收阵列单元间距之比,$\alpha = \mathrm{d}t/\mathrm{d}r$;$\gamma$ 为空 – 时平面杂波轨迹的斜

率,空间频率与时间频率的比值,$\gamma = 2v_r T_r / d_r$;N 为接收阵元个数;M 为发射阵元个数,K 为时域相干脉冲积累个数。

在 $N=5$,$M=5$,$K=16$,$\alpha=5$,$\gamma=1$ 时,根据式(6.20)得到杂波自由度为 40,杂波特征值数估计规则可以近似估计杂波自由度。

假设机载相控阵雷达接收阵元数为 25,时域相干积累脉冲数为 16,归一化空间频率与归一化时间频率的比值为 1,即 $\gamma=1$,根据其杂波自由度估计规则 $N_{ph} \approx \mathrm{int}\{N+(K-1)\gamma\}$,int 表示取下一个整数,则机载相控阵雷达系统自由度为 400,杂波自由度为 40。因此,若机载分布式相参射频探测系统与机载相控阵雷达具有相同的天线孔径,相同的时域相干脉冲积累数,则具有相同的系统自由度和杂波自由度。然而,同样的天线孔径,机载分布式相参射频探测系统仅需要 10 个阵元,而机载相控阵雷达需要 25 个阵元。

6.2.1.5　杂波功率谱

杂波特征谱反映了杂波空间的大小,是杂波功率的一维表示。杂波功率谱反映了各频率成分的平均功率的大小及各频率成分的构成情况,是杂波功率的二维表示。功率谱具有傅里叶谱和最小方差谱两种经典的形式。最小方差(MV)谱具有高分辨率特性,更能如实地反映杂波的分布特性,其表达式为

$$P_{mv} = (SR^{-1}S)^{-1} \tag{6.21}$$

式中:S 为空 – 时导向矢量,$S = S_{St}(\theta,\varphi) \otimes S_{Sr}(\theta,\varphi) \otimes S_T(\theta,\varphi)$。

图 6.6 为理想情况下的 MV 杂波谱,杂波仅分布在空 – 时平面的对角线上,杂波轨迹的两条脊线较陡,杂波谱窄,无主副瓣之分,能量均匀性分布。

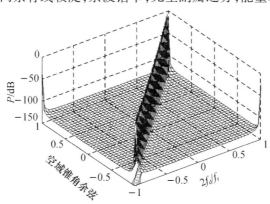

图 6.6　理想情况下的 MV 杂波谱(见彩图)

在实际环境中,由于各种原因引起的误差将导致杂波谱特性发生变化,主要包括载机偏航、速度模糊和杂波起伏三种情况。载机偏航是指载机速度与

线阵轴线存在一定的偏角,这个偏角称为偏航角。若以脉冲重复频率为周期的杂波谱线出现重叠,则存在速度模糊。脉冲重复频率越高,越不易出现速度模糊。杂波起伏是指在实际环境中,植物等软散射体会引起杂波起伏,使得每个散射体回波样本之间时间相关,从而产生一个较大的多普勒带宽。通常以高斯型的杂波谱建立杂波起伏模型,其对应的自相关函数为

$$\rho_{\Delta k} = \mathrm{e}^{-\frac{1}{8}B_c^2 \Delta k^2}$$

式中:$B_c = B/f_r$,B 为杂波带宽。

图 6.7 为实际情况时的 MV 杂波谱。当存在杂波扰动时,杂波扰动相对带宽为 0.1,即 $B_c = 0.1$ 时,杂波谱明显展宽;当 PRF 为 1kHz,杂波带宽为 2kHz 时,杂波谱重叠,产生速度模糊;当偏航角为 30°时,杂波谱在空 – 时平面的投影发生弯曲,并向外扩展,如图 6.7 所示。

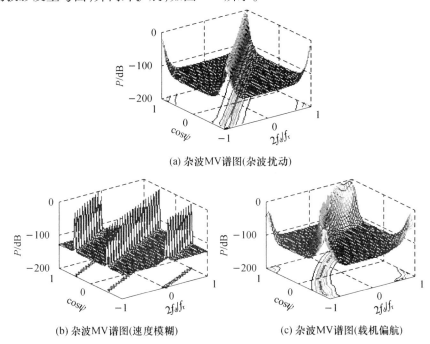

(a) 杂波 MV 谱图(杂波扰动)

(b) 杂波 MV 谱图(速度模糊)

(c) 杂波 MV 谱图(载机偏航)

图 6.7 实际情况下 MV 杂波谱变化(见彩图)

6.2.1.6 与机载相控阵雷达杂波特性的比较

机载相控阵雷达发射波形在空间组合为波瓣,接收端经过 N 个接收阵元和 K 个相干时间脉冲的采样,得到 NK 个空 – 时杂波采样单元;机载分布式相参射频探测系统发射 M 个正交波形,接收端经过 N 个接收阵元和 K 个相干时间脉冲的采样,最终得到 NMK 个空 – 时杂波采样单元。因此,机载相控阵雷

达杂波模型包含接收维和时间维,而机载分布式相参射频探测系统的杂波模型增加了发射维,即包含发射维、接收维和时间维。杂波的空间 – 多普勒特性和距离 – 多普勒特性表征杂波的空间角度域 – 多普勒频率域 – 距离域分布特性,主要与阵列轴线指向有关。假设机载相控阵雷达和机载分布式相参射频探测系统阵列轴线指向相同,并且具有相同的雷达系统参数,则同一杂波散射单元具有相同的空 – 时频分布特性。若机载分布式相参射频探测系统与机载相控阵雷达具有相同的天线孔径,则其系统自由度和杂波自由度相同。图6.8 和图 6.9 分别为机载分布式相参射频探测系统与机载相控阵雷达回波功率谱图,机载分布式相参射频探测系统杂波功率在空 – 时轨迹均匀分布,而机载相控阵雷达杂波能量主要集中在主瓣。

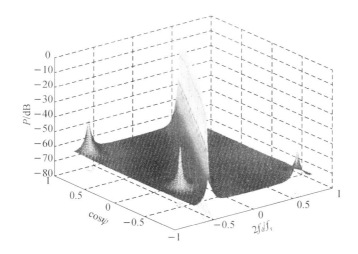

图 6.8   机载分布式相参射频探测系统回波功率谱图(见彩图)

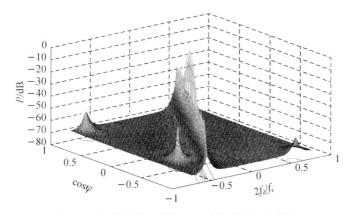

图 6.9   机载相控阵雷达回波功率谱图(见彩图)

6.2.2 杂波抑制

6.2.2.1 空-时自适应处理技术

杂波的空-时自适应处理技术取决于杂波的空-时分布特性。空-时自适应处理技术是基于对杂波噪声协方差矩阵的估计,将杂波白化后的目标匹配过程。其实质就是求取空-时滤波自适应权值,以使得回波中的目标分量最大化,而使回波中的其他分量最小化。机载分布式相参射频探测系统接收端 M 个发射波形经 N 个空间阵列单元采样和 L 个相干时间脉冲采样之后,采样数据经空-时滤波器滤波后送往门限检测器,如图6.10所示。

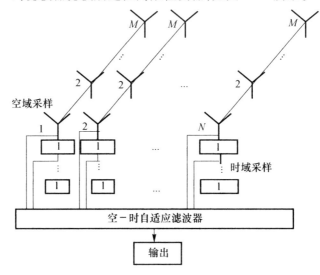

图6.10　空-时自适应处理框图

空-时自适应处理技术包含正交型自适应处理和匹配型自适应处理。正交型自适应处理是利用杂波子空间和噪声子空间相互正交,将杂波子空间投影到噪声子空间,已达到抑制杂波的目的。匹配型自适应处理是基于最大似然比准则等,利用期望信号与导向矢量间的相关性求得自适应权值。

1)基于匹配的自适应处理技术

空-时自适应处理技术是一维滤波技术的扩展,在似然比检测理论的基础上,利用自适应技术,实现回波的最优处理。对应的数学描述为

$$\begin{cases} \min & \boldsymbol{W}^{\mathrm{H}}\boldsymbol{R}_{\mathrm{c}}\boldsymbol{W} \\ \mathrm{s.\,t.} & \boldsymbol{W}^{\mathrm{H}}\boldsymbol{S}=1 \end{cases} \tag{6.22}$$

式中:$\boldsymbol{W}$ 为滤波器权矢量;$\boldsymbol{S}$ 为空-时二维导向矢量;$\boldsymbol{R}_{\mathrm{c}}$ 为干扰加噪声的协方

差矩阵,且有

$$R_{\mathrm{c}} = E\{(c+n)(c+n)^{\mathrm{H}}\} \tag{6.23}$$

空－时处理器自适应权值为

$$w_{\mathrm{opt}} = \mu R_{\mathrm{c}}^{-1} S(\beta, f_{\mathrm{d}}) \tag{6.24}$$

将该自适应权值应用于接收到的回波矢量,可以从干扰(杂波、噪声等)中优化提取目标矢量。然而,空－时自适应处理方法计算量很大,实时处理困难,很难满足独立同分布样本需求量。假设空域系统自由度为 MN,时域自由度为 K,则总的系统自由度为 MNK,进行空－时自适应处理需要的运算量为 $3o(MNK)^3$,由于涉及太大的计算量,实时计算相当困难。杂波协方差矩阵是由独立同分布的采样来估计的,采样样本数直接影响处理器改善因子和自适应收敛速度。为减少处理损失,要求 $L \geq 2N$,L 为独立同分布样本数,N 为系统处理的维数,当 N 较大时,要求的独立同分布的样本数也在增加。因此,需寻找降维的自适应处理技术。

2)两级降维自适应处理技术

两级降维自适应处理技术是基于 mDT 算法,时域上进行多普勒滤波,空域上将二维波束分离为两个一维波束,建立二元二次代价函数交替求权值,如图 6.11 所示。

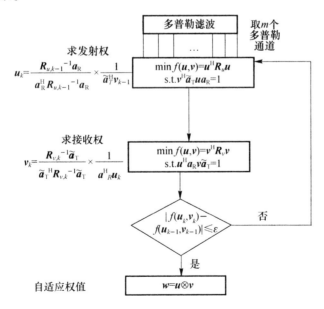

图 6.11　两级降维自适应处理流程框图

$\tilde{a}_{\mathrm{T}} = [G^{\mathrm{H}} a_{\mathrm{D}}] \otimes a_{\mathrm{T}}$,$G$ 为时间降维矩阵,由多普勒导向矢量构成的滤波器

组 $R_u = (v \otimes I_N)^{\mathrm{H}} R_z (v \otimes I_N)$，$R_v = (I_{mM} \otimes u)^{\mathrm{H}} R_z (I_{mM} \otimes u)$，$R_z$ 为时间降维后的干扰协方差矩阵。a_{T}、a_{D}、a_{R} 分别为发射、时间、接收导向矢量，u、v 分别是接收权值和发射权值。

3）三级降维自适应处理技术

三级降维自适应处理技术是二级降维自适应处理技术的扩展，将三维权值的求解分解为三个一维权值的求解。假设 q、v 和 u 分别为时域、发射和接收自适应权值，则空 – 时三维权矢量为

$$w = q \otimes v \otimes u \tag{6.25}$$

利用张量积的变换关系可得

$$w = (I_K \otimes v \otimes u) q = (q \otimes I_M \otimes u) v = (q \otimes v \otimes I_N) u \tag{6.26}$$

三维降维自适应处理技术首先固定发射权和接收权，求得时间维自适应权矢量；然后固定时间权和接收权，求发射自适应权；最后固定发射和时间权，求接收自适应权，依次迭代，直到满足收敛条件。

4）三维局域联合自适应处理技术

三维局域联合（3DJDL）自适应处理技术是先将空 – 时二维数据经 FFT，再选择感兴趣的局域，基于某个准则（最大似然比，最小均方误差准则等）实施自适应处理，如图 6.12 所示。

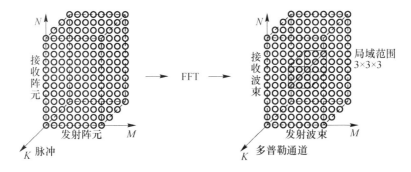

图 6.12　3DJDL 算法原理图

假设感兴趣的局域大小为 $3 \times 3 \times 3$ 维，3DJDL 方法对应的变换矩阵为

$$\begin{cases} Q_{\mathrm{st}} = [\, a_{\mathrm{st}}(\omega_{\mathrm{s1}}), a_{\mathrm{st}}(\omega_{\mathrm{s2}}), a_{\mathrm{st}}(\omega_{\mathrm{s3}}) \,]_{M \times 3} \\ Q_{\mathrm{sr}} = [\, a_{\mathrm{sr}}(\omega_{\mathrm{s1}}), a_{\mathrm{sr}}(\omega_{\mathrm{s2}}), a_{\mathrm{sr}}(\omega_{\mathrm{s3}}) \,]_{N \times 3} \\ Q_{\mathrm{t}} = [\, a_{\mathrm{t}}(\omega_{\mathrm{t1}}), a_{\mathrm{t1}}(\omega_{\mathrm{t2}}), a_{\mathrm{t}}(\omega_{\mathrm{t3}}) \,]_{K \times 3} \end{cases} \tag{6.27}$$

式中：$(\omega_{\mathrm{s2}}, \omega_{\mathrm{t2}})$ 为目标对应的空域频率和时域频率。

根据式（6.27），3DJDL 方法的自适应权值为

$$w = \mu \left[(\boldsymbol{Q}_{\mathrm{st}} \otimes \boldsymbol{Q}_{\mathrm{sr}} \otimes \boldsymbol{Q}_{\mathrm{t}})^{\mathrm{H}} \boldsymbol{R}_{\mathrm{c}} (\boldsymbol{Q}_{\mathrm{st}} \otimes \boldsymbol{Q}_{\mathrm{sr}} \otimes \boldsymbol{Q}_{\mathrm{t}}) \right]^{-1} \left[\boldsymbol{Q}_{\mathrm{st}}^{\mathrm{T}} \boldsymbol{S}_{\mathrm{St}}(\theta, \varphi) \right] \otimes$$

$$\left\{ \left[\boldsymbol{Q}_{\mathrm{sr}}^{\mathrm{T}} \boldsymbol{S}_{\mathrm{Sr}}(\theta, \varphi) \right] \otimes \left[\boldsymbol{Q}_{\mathrm{t}}^{\mathrm{T}} \boldsymbol{S}_{\mathrm{T}}(\theta, \varphi) \right] \right\} \tag{6.28}$$

5）时域滑窗联合空域自适应处理技术

时域滑窗联合空域自适应处理是首先进行时域 FFT,然后选取多个相邻的多普勒通道进行空 – 时联合处理。组合多个多普勒通道,实质是通过辅助通道输出拟合检测通道主杂波空间,以对消宽带杂波。当时域使用单通道时,时域自由度为 1,此时时域没有调整能力,仅靠空域和具有超低旁瓣电平的多普勒滤波器来抑制杂波,很难完全对消占据很宽的多普勒频谱的杂波,而且对滤波器的要求很高。当使用两个多普勒通道时,具有微弱的时间域调整能力,但也不能有效地抑制时域旁瓣杂波。当使用三个多普勒通道时,时域误差较小,有较强的时域自适应能力,可以有效抑制杂波。一般将选择一个多普勒通道联合空域进行自适应处理的方法称为因子算法(FA),而称选取三个多普勒通道的联合自适应处理方法为扩展因子算法(EFA),其原理如图 6.13 所示。

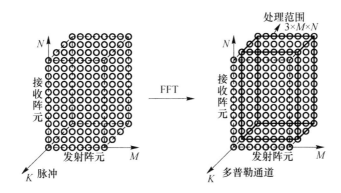

图 6.13　时域滑窗联合空域自适应处理

EFA 算法对应的变换矩阵为

$$\begin{cases} \boldsymbol{Q}_{\mathrm{st}} = \boldsymbol{I}_M \\ \boldsymbol{Q}_{\mathrm{sr}} = \boldsymbol{I}_N \\ \boldsymbol{Q}_{\mathrm{t}} = \left[a_{\mathrm{t}}(\omega_{\mathrm{t1}}), a_{\mathrm{t}}(\omega_{\mathrm{t2}}), a_{\mathrm{t}}(\omega_{\mathrm{t3}}) \right]_{K \times 3} \end{cases} \tag{6.29}$$

根据式(6.29),EFA 算法的自适应权值为

$$w = \mu \left[(\boldsymbol{Q}_{\mathrm{st}} \otimes \boldsymbol{Q}_{\mathrm{sr}} \otimes \boldsymbol{Q}_{\mathrm{t}})^{\mathrm{H}} \boldsymbol{R}_{\mathrm{c}} (\boldsymbol{Q}_{\mathrm{st}} \otimes \boldsymbol{Q}_{\mathrm{sr}} \otimes \boldsymbol{Q}_{\mathrm{t}}) \right]^{-1} \left[\boldsymbol{Q}^{\mathrm{T}} \boldsymbol{S}_{\mathrm{St}}(\theta, \varphi) \right] \otimes$$

$$\left\{ \left[\boldsymbol{Q}_{\mathrm{sr}}^{\mathrm{T}} \boldsymbol{S}_{\mathrm{Sr}}(\theta, \varphi) \right] \otimes \left[\boldsymbol{Q}_{\mathrm{t}}^{\mathrm{T}} \boldsymbol{S}_{\mathrm{T}}(\theta, \varphi) \right] \right\} \tag{6.30}$$

EFA 方法数据样本从 $M \times N \times K$ 降低到 $M \times N \times 3$,在空域阵列单元数目较少的情况下,能够实时有效地抑制杂波。

6）基于正交的自适应处理技术

利用杂波协方差矩阵的特征矢量构造出杂波子空间,基于杂波子空间和噪声子空间的正交性来对消杂波。杂波加噪声协方差矩阵特征分解为

$$Q = E_c \Lambda_c E_c^H + E_n \Lambda_n E_n^H \tag{6.31}$$

式中:Λ_c 为杂波特征值组成的对角矩阵;Q 矩阵的前 r 个大特征值就是杂波特征值;E_c 为杂波协方差矩阵的特征矢量;Λ_n 为噪声特征值;E_n 噪声特征矢量。

通过构造杂波特征值和特征矢量组成的杂波协方差矩阵求自适应权矢量:

$$w = E_c \Lambda_c^{-1} E_c^H S \tag{6.32}$$

由于杂波空间和噪声空间正交,将杂波空间投影到噪声空间,可得到自适应处理技术权矢量的另一种表达式

$$w = E_n E_n^H S \tag{6.33}$$

6.2.2.2 空 – 时自适应处理技术评价因子

1）改善因子

改善因子定义为杂波滤波器在对应目标参数(角度和多普勒频率)上的输出信杂比与输入信杂比的比值。其表达式为

$$\text{IF}_{opt}(\Theta) = \frac{w(\Theta)^H s(\Theta) s(\Theta)^H w(\Theta) \operatorname{tr}(R)}{w(\Theta)^H R w(\Theta) s(\Theta)^H s(\Theta)} \tag{6.34}$$

式中:Θ 为目标参数空间;$w(\Theta)$ 为滤波器系数;$s(\Theta)$ 为导向矢量;R 为干扰协方差矩阵。

改善因子曲线是信杂比改善在目标参数空间的一个平均度量,反映了目标可检测区域以及处理器性能。仿真参数如表6.1所列。

表 6.1 仿真参数

参数名称	符号	参数值
发射单元数	M	5
接收单元数	N	5
相干时间脉冲数	K	8
载机速度	v	100m/s
载机高度	h	8km
脉冲重复频率	f_r	2kHz

（续）

参数名称	符号	参数值
波长	λ	0.2m
接收单元间距	dr	0.1m
发射单元间距	dt	0.5m
最小检测距离	$R_{\min}$	100km
杂噪比	CNR	40dB
距离单元长度	r	150m
目标速度	v_t	100m/s
距离单元数目	l	400
信噪比	SNR	0dB

图 6.14 为采用全维空-时自适应处理方法的二维杂波改善因子曲线,其自变量为归一化多普勒频率和空域锥角的余弦值,纵坐标为归一化改善因子的大小。从图中看到,改善因子曲线在杂波轨迹处形成凹槽,凹槽以外的区域平坦,槽的宽度较窄。

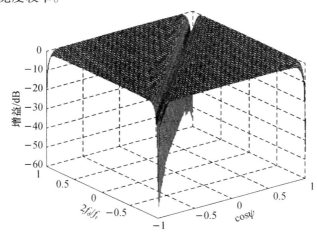

图 6.14 最优二维改善因子曲线(见彩图)

若假设空域锥角余弦值为 0,则杂波归一化多普勒频率为 0。以归一化多普勒频率为自变量的一维改善因子曲线如图 6.15 所示。

图 6.16 为四种方法的改善因子曲线,其中最优化(Opt)为全维空-时自适应处理,EFA 为时域滑窗联合自适应处理,PC 为基于正交的自适应处理,3DJDL 为三维局域联合自适应处理。

图 6.17 为基于迭代方法的改善因子曲线比较,其中 3 多普勒级联空域迭代自适应处理方法(dtbia)和 dtbia 方法是两级降维自适应处理方法,前者具

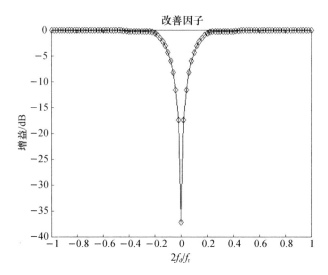

图 6.15　最优一维改善因子曲线

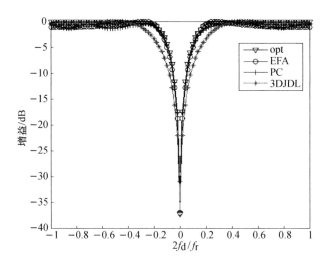

图 6.16　改善因子曲线

有两个时域自由度的调节能力,后者没有时域调节能力。thrit 为 3 级降维自适应处理方法。

　　2)杂波残余

　　杂波残余为空 - 时滤波器输出的杂波分量。杂波残余与空 - 时自适应处理之后的目标分量和噪声分量一同作为门限检测器的输入,其值的大小影响目标的探测性能。若假设目标在第 133 号距离单元,其归一化多普勒频率为

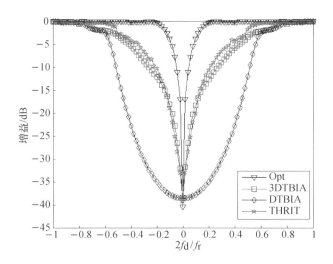

图 6.17　四种改善因子曲线比较(见彩图)

0.65,空间锥角余弦值为 0。空 – 时自适应处理之前各样本距离单元的杂波功率如图 6.18 所示,经过空 – 时自适应处理之后,各样本距离单元杂波残余如图 6.19 所示。比较图 6.18 和图 6.19,空 – 时自适应处理之后,目标在样本单元凸显,而杂波被抑制。

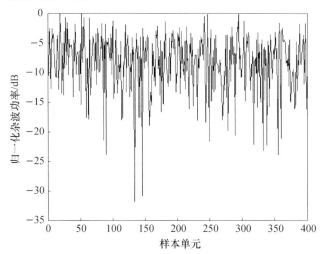

图 6.18　空 – 时自适应处理方法之前的杂波功率

3)误差调整能力

在实际情况下,机载分布式相参射频探测系统可能存在阵元误差、载机偏航、杂波带宽及采样模糊等误差,空 – 时自适应处理能一定程度地补偿误差对

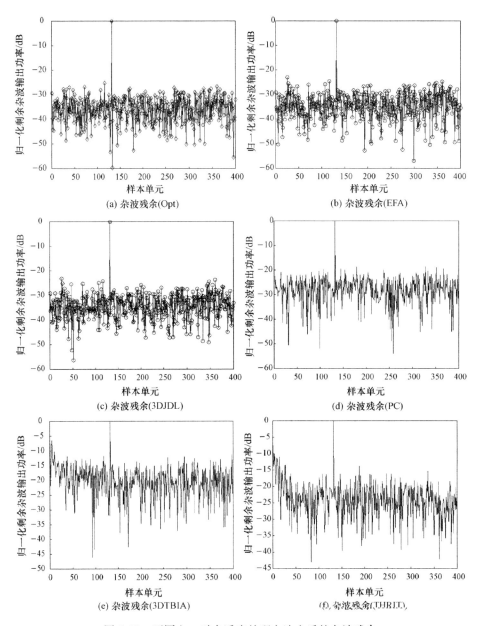

图 6.19　不同空－时自适应处理方法之后的杂波残余

系统性能的影响。载机偏航角为 10°时,改善因子曲线如图 6.20 所示。从图中看到,空－时自适应技术能在杂波处形成凹口,对误差具有一定的调节能力,全维空－时自适应处理技术、时域滑窗及三维局域联合空－时自适应处理技术凹口宽度较窄,通带区域平坦,健状性好;基于正交及迭代的空－时自适应技术凹口展宽,通带区域抖动明显。

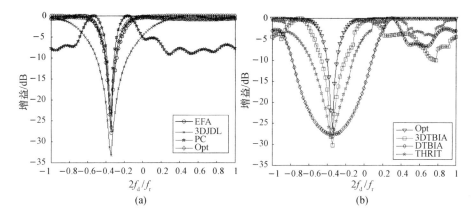

图 6.20　载机偏航(10°)时空 – 时自适应处理技术改善因子(见彩图)

杂波扰动相对带宽为 0.1 时,空 – 时自适应处理技术的改善因子曲线如图 6.21 所示。

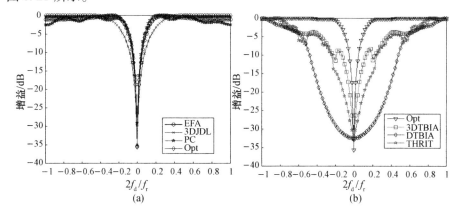

图 6.21　杂波扰动时空 – 时自适应处理技术改善因子(见彩图)

4）样本需求量和计算量

运算量过大会影响实时运算的可行性,样本需求量制约自适应处理方法的适用性。空 – 时自适应处理方法离散单元数为 NMK,则其样本需求量为 $2NMK$,求逆的运算量为 $O[(NMK)^3]$。三维局域联合自适应处理技术法样本需求量为 $2\eta_m\eta_n\eta_k$,求逆的运算量为 $O[(\eta_m\eta_n\eta_k)^3]$,$\eta_m$、$\eta_n$、$\eta_k$ 分别表示发射、接收和多普勒通道数。时域滑窗联合空域自适应技术对应的样本需求量为 $6MN$,求逆的运算量为 $O(3^3N^3M^3)$。两级降维自适应处理技术在每个迭代周期只需对 $N \times N$ 矩阵和 $mM \times mM$ 矩阵进行估计和求逆,样本需求量为 $2\max(mM,N)$,计算量为 $O[(N^3 + m^3M^3)]$。三级降维自适应处理技术在每个迭代周期只需对 $K \times K$ 矩阵,$N \times N$ 矩阵和 $M \times M$ 矩阵进行估计和求逆,样本需求

量为 $2\max(M,N,K)$，计算量为 $O\left[(N^3+M^3+K^3)\right]$。

选取 $M=5,K=8,N=5,p=10,m=3,\eta_m=3,\eta_n=3,\eta_k=3,p$ 为迭代周期。表 6.2 为空 – 时自适应处理技术样本需求量及计算量的比较。

表 6.2　空 – 时自适应处理技术样本需求量及计算量比较

方法	Opt	3DJDL	EFA	两级降维自适应处理	三级降维自适应处理
样本需求量	400	54	150	30	16
计算量	8000000	19683	421875	3500	762

6.2.2.3　非自适应处理技术

1）两脉冲二维杂波相消器

常规机载雷达二脉冲 MTI 对消器是一阶滤波器，其输入为同一距离单元上时间样本间隔为 T 的离散时间序列，滤波器实现两个连续脉冲时间序列的相减。两脉冲二维杂波相消器是基于二脉冲 MTI 对消器的原理，寻求系数矩阵以满足连续脉冲时间序列差异最小。根据式（6.7），单一距离增量上第一个脉冲时杂波信号为

$$\boldsymbol{S}_r(l) = \sum_{q=1}^{N_c} \hat{A}(\theta_q)\boldsymbol{S}_{St}(\theta_q)\boldsymbol{S}_{Sr}(\theta_q)\boldsymbol{S}_T(\theta_q,l)$$

$$= \begin{bmatrix} \boldsymbol{S}_{tr}(\theta_1) & \cdots & \boldsymbol{S}_{tr}(\theta_{N_c}) \end{bmatrix} \begin{bmatrix} \boldsymbol{S}_T(\theta_1,l)\hat{A}(\theta_1) \\ \vdots \\ \boldsymbol{S}_T(\theta_{N_c},l)\hat{A}(\theta_{N_c}) \end{bmatrix} \quad (6.35)$$

式中：$\boldsymbol{S}_{tr}$ 为发射导向矢量和接收导向矢量的张量积，$\boldsymbol{S}_{tr}(\theta_q)=\boldsymbol{S}_{St}(\theta_q)\otimes \boldsymbol{S}_{Sr}(\theta_q)\in \boldsymbol{C}_{NM\times 1}$。

令

$$\begin{cases} \boldsymbol{S} = \boldsymbol{S}_{tr}(\theta_1) \quad \cdots \quad \boldsymbol{S}_{tr}(\theta_{N_c}), \boldsymbol{S}_T(l) = \begin{bmatrix} \boldsymbol{S}_T(\theta_1,l)\hat{A}(\theta_1) \\ \vdots \\ \boldsymbol{S}_T(\theta_{N_c},l)\hat{A}(\theta_{N_c}) \end{bmatrix} \\[3em] \boldsymbol{S}_T(l+1) = \begin{bmatrix} \boldsymbol{S}_T(\theta_1,l+1)\hat{A}(\theta_1) \\ \vdots \\ \boldsymbol{S}_T(\theta_{N_c},l+1)\hat{A}(\theta_{N_c}) \end{bmatrix} = \begin{bmatrix} \omega(\theta_1) & \cdots & 0 \\ \vdots & & \vdots \\ 0 & \cdots & \omega(\theta_{N_c}) \end{bmatrix} \boldsymbol{S}_T(l) \end{cases}$$

$$(6.36)$$

假设由一个脉冲产生的多普勒相位构成的矩阵为

$$\boldsymbol{D} = \begin{bmatrix} \omega(\theta_1) & \cdots & 0 \\ \vdots & & \vdots \\ 0 & \cdots & \omega(\theta_{N_c}) \end{bmatrix}$$

则

$$\boldsymbol{S}_r(l) = \boldsymbol{S}\boldsymbol{S}_{\mathrm{T}}(l)$$
$$\boldsymbol{S}_r(l+1) = \boldsymbol{S}\boldsymbol{D}\boldsymbol{S}_{\mathrm{T}}(l) \tag{6.37}$$

引入系数矩阵 $\boldsymbol{F}$，两脉冲对消后误差信号的表达式为

$$\boldsymbol{\varepsilon}(l) = \boldsymbol{F}\boldsymbol{S}_r(l) - \boldsymbol{S}_r(l+1)$$
$$= (\boldsymbol{F}\boldsymbol{S} - \boldsymbol{S}\boldsymbol{D})\boldsymbol{S}_{\mathrm{T}}(l) \tag{6.38}$$

则脉冲对消后的最优化函数为

$$\min \| \boldsymbol{\varepsilon}(l) \|_F^2 = \| (\boldsymbol{F}\boldsymbol{S} - \boldsymbol{S}\boldsymbol{D})p(l) \|_F^2 \tag{6.39}$$

其解为

$$\boldsymbol{F} = \boldsymbol{S}\boldsymbol{D}\boldsymbol{S}^{\dagger} \tag{6.40}$$

式中：$(\cdot)^{\dagger}$ 是指 Moore – Penrose 伪逆。

2）多脉冲二维杂波相消器

两脉冲二维杂波相消器在时域上仅有一个自由度，对杂波在时域上没有调整能力。实际情况下，误差会导致杂波谱展宽。多脉冲二维杂波相消器在两脉冲二维杂波相消器的基础上，采用多个脉冲时间样本。由于

$$\boldsymbol{S}_{\mathrm{T}}(l+k) = \boldsymbol{S}_{\mathrm{T}}(l)\mathrm{e}^{\mathrm{j}2\pi f_d kT}$$

则

$$\boldsymbol{S}_r(l+k) = \boldsymbol{S}\boldsymbol{D}_k\boldsymbol{S}_{\mathrm{T}}(l) \tag{6.41}$$

在设计多脉冲二维对消器时，总共使用 K 个脉冲。$\boldsymbol{F}_0, \boldsymbol{F}_1, \cdots, \boldsymbol{F}_{K-1} \in \boldsymbol{C}_{MN \times MN}$ 是相应的系数矩阵组。选取中间的脉冲作为对消的脉冲，若 K 是奇数，$\boldsymbol{F}_{(K-1)/2} = -\boldsymbol{I}$。若 K 是偶数，$\boldsymbol{F}_{K/2} = -\boldsymbol{I}$。以 K 为奇数为例，脉冲对消后的误差信号为

$$\boldsymbol{\varepsilon}(l, f_d) = \boldsymbol{F}_0\boldsymbol{S}_r(l) + \boldsymbol{F}_1\boldsymbol{S}_r(l+1) + \cdots - \boldsymbol{S}_r\left(l + \frac{(K-1)}{2}\right) + \cdots \boldsymbol{F}_{K-1}\boldsymbol{S}_r(l+K-1)$$

$$= \overline{\boldsymbol{F}}\begin{bmatrix} \boldsymbol{S}_r(l) \\ \vdots \\ \boldsymbol{S}_r(l+K-1) \end{bmatrix} - \boldsymbol{S}_r\left(l + \frac{(K-1)}{2}\right) \tag{6.42}$$

式中：$\overline{\boldsymbol{F}}$ 为系数矩阵，且 $\overline{\boldsymbol{F}} = [\boldsymbol{F}_0, \boldsymbol{F}_1, \cdots, \boldsymbol{F}_{(K-3)/2}, \boldsymbol{F}_{(K+1)/2}, \cdots, \boldsymbol{F}_{K-1}] \in \boldsymbol{C}_{MN \times MN(K-1)}$。

式(6.42)可以写为

$$\boldsymbol{\varepsilon}(l) = \{\overline{\boldsymbol{F}}\boldsymbol{Q} - \boldsymbol{SD}_{\frac{K-1}{2}}\}\boldsymbol{S}_{\mathrm{T}}(l) \tag{6.43}$$

式中

$$\boldsymbol{Q}(f_{\mathrm{d}}) = \begin{bmatrix} \boldsymbol{A} \\ \boldsymbol{AD}_1 \\ \vdots \\ \boldsymbol{AD}_{\frac{K-3}{2}} \\ \boldsymbol{AD}_{\frac{K+1}{2}} \\ \vdots \\ \boldsymbol{AD}_{K-1} \end{bmatrix} \tag{6.44}$$

则目标函数为

$$\min E\{\|\boldsymbol{FQ} - \boldsymbol{SD}_{\frac{K-1}{2}}\|_F^2\} \tag{6.45}$$

式中:$E\{\}$表示求期望。

其解为

$$\overline{\boldsymbol{F}} = E\{\boldsymbol{A}[\boldsymbol{D}_{\frac{K-1}{2}}\boldsymbol{Q}^{\mathrm{H}}\} \cdot \{E[\boldsymbol{QQ}^{\mathrm{H}}]\}^{-1} \tag{6.46}$$

3）非自适应处理仿真结果分析

图6.22和图6.23分别表示滤波前功率谱和两脉冲二维杂波对消后的功率谱。从图中可以看出沿平面对角线分布的是杂波的功率谱,右边的尖峰代表目标信号,在经过两脉冲二维对消后,杂波功率被抑制,目标信号被凸显。然而,由于滤波器凹口较宽,慢速目标可能被当作杂波而抑制。

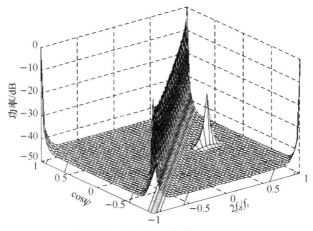

图6.22　滤波前功率谱(见彩图)

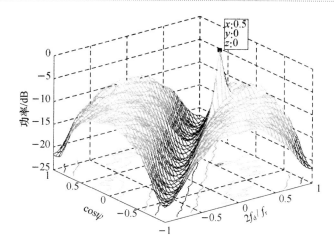

图 6.23　两脉冲二维杂波相消后功率谱(见彩图)

◤ 6.3　小　　结

本章介绍了机载分布式相参射频探测系统的杂波特性及杂波抑制方法,主要结论如下:

（1）机载分布式相参射频探测系统杂波特性,主要包括以下 6 个方面。

① 杂波模型包括发射维、接收维和时间维。

② 杂波空间 - 多普勒特性与阵列轴线的指向有关,正侧视阵列时空间 - 多普勒轨迹为一对角线;斜视阵列时空间多普勒轨迹为一曲线。

③ 侧视阵时,单一方位角增量上杂波的多普勒频率与距离无关;斜视阵列时,近程对多普勒频率的影响大,多普勒频率变化快。

④ 若杂波满足高斯独立同分布特性,则杂波过程为平稳过程。

⑤ 若固定天线孔径及时域相干脉冲积累数,则机载分布式相参射频探测系统与机载相控阵雷达具有相同的杂波自由度。

⑥ 正侧视阵列时,杂波功率在空 - 时对角平面均匀分布。实际情况可能会导致杂波谱展宽及杂波谱弯曲。

（2）机载分布式相参射频探测系统杂波抑制方法。杂波模型的三维结构使得机载分布式相参射频探测系统杂波抑制方法有别于机载相控阵雷达,主要包括空 - 时自适应处理技术和非自适应处理技术。

① 空 - 时自适应处理技术。

两级降维自适应处理技术,将空域上的二维权值分离为两个一维权值的求解,即发射权值和接收权值,再基于 mDT 的方法构造二元二次代价函数选代求自适应权值。计算量和样本需求量降低,对杂波具有一定的处理能力,但是对误差的调整能力有限。

三级降维自适应处理技术,将三维权值的求解分离为三个一维权值的求解,即发射权值、接收权值和时间权值。计算量和样本需求量大大降低。

三维局域联合自适应处理技术,选择感兴趣的三维空间进行空 – 时自适应处理。具有一定的误差调整能力,其处理性能受到所选范围的限制。

时域滑窗联合空域自适应处理技术,时域上通过将多普勒通道离散化预滤波,联合空域求空 – 时自适应权值,杂波处理性能好,计算量仍旧很大。

② 非自适应处理技术。

两脉冲二维杂波相消器,基于二脉冲 MTI 对消器的原理,寻求系数矩阵以满足连续脉冲时间序列差异最小。具有有限的杂波预滤波能力,其权值可以离线构造。

多脉冲二维杂波相消器,时域上选择多个脉冲实现二维杂波相消,具有一定的时域误差调整能力。

参 考 文 献

[1] 田润澜,常硕,王德功. 一种新型体制雷达——MIMO 雷达[J]. 中国雷达,2008(1): 4-8.

[2] Skolnik M. Systems aspects of digital beam forming ubiquitous radar [R]. NRL Report: NRL/MR/5007-02-8625, June, 2002.

[3] Rabideau D J, Parker P. Ubiquitous MIMO multifunction digital array radar and the role of time-energy management in radar[R]. MIT Lincoln Laboratory Project Report DAR-4, Massachusetts, USA, 2003.

[4] Robey F C, Coutts S, Weikle D, et al. MIMO radar theory and experimental results[C]. 38th Asilomar Conf. Signals, Systems and Computers, Pacific Grove, CA, Nov, 2004: 300-304.

[5] Bliss D W, Forsythe K W. Multiple-input multiple-output (MIMO) radar and imaging: degrees of freedom and resolution[C]. Conference Record of the Thirty-Seventh Asilomar Conference on Signals, Systems & Computers, Pacific Grove, Calif., 2003(1):54-59.

[6] Fishler E, Haimovich A, Blum R, et al. MIMO radar: An idea whose time has come [C]. Proceedings of IEEE Radar Conference, 2004:71-78.

[7] Li J, Stoica P. MIMO radar with collocated antennas [J]. IEEE Signal Processing Magazine, 2007(14): 106-114.

[8] Haimovich A M, Blum R S, Cimini L J. MIMO radar with widely separated antennas [J]. IEEE Signal Processing Magazine, 2008(25): 116-129.

[9] Chen C Y, Vaidyanathan P P. MIMO radar space-time adaptive processing using prolate spherodial wave functions [J]. IEEE Trans on Signal Processing, 2008, 56 (2): 623-635.

[10] 王敦勇,袁俊泉,马晓岩,等. 杂波环境下 MIMO 雷达对起伏目标的检测性能分析[J]. 空军雷达学院学报,2007(4):259-262.

[11] Li J, Stoica P, Xu L, et al. On parameter identifiably of MIMO radar [J]. IEEE Signal Process Letter, 2007: 968-971.

[12] Fishler E, Haimovich A M, Blum R S, et al. Performance of MIMO radar systems: Advantages of angular diversity[C]. 38th IEEE Conference on Signals System and Computer, 2004: 305-309.

[13] Fishler E, Haimovich A M, Blum R S, et al. Spatial diversity in radars-models and

de – tection performance [J]. IEEE Trans. Signal Process, 2006(54): 823 – 837.

[14] 梁百川. 对统计 MIMO 雷达的干扰[J]. 舰船电子对抗, 2009, 32: 5 – 8.

[15] Chen Duofang, Chen Baixiao, Qin Guodong. Angle estimation using esprit in MIMO radar [J]. Electron Lett, 2008(44): 770 – 771.

[16] Bliss D W, et al. MIMO radar: joint array and waveform optimization [C]. Conference Record of the Forty – First Asilomar Conference on Signals, Systems and Computers, 2007: 207 – 211.

[17] 戴喜增, 彭应宁, 汤俊. MIMO 雷达检测性能[J]. 清华大学学报, 2007, 47: 88 – 91.

[18] Bo L, et al. Optimization of orthogonal discrete frequency – coding waveform based on modified genetic algorithm for MIMO radar [C]. International Conference on Communications, Circuits and Systems, 2007: 966 – 970.

[19] Chen Chun Yang. MIMO radar ambiguity optimization using frequency – hopping waveforms [C]. Conference Record of the Forty – First Asilomar Conference on Signals, Systems and Computers, 2007: 192 – 196.

[20] Van Trees H L. Optimum array processing part IV of detection, estimation, and modulation theory [M]. New York: John Wiley & Sons, 2002.

主要符号表

A_0	发射信号振幅
a	加速度
a_0	反射系数
B	信号带宽
f	信号频率
G	天线增益
k	玻耳兹曼常数
$n(t)$	噪声信号
P	信号功率
R	距离
SNR	信噪比
$s(t)$	阵元信号
T	时间,动目标代号
T_0	标准室温;脉冲重复周期
t	时间变量
$u(t)$	包络信号
v	速度
α、β、ϕ、ψ	夹角
τ	时延
τ'	相对时延
λ	信号波长
σ	目标 RCS 或标准差
θ_B	波束宽度
φ	相位或相位差

缩略语

3DJDL	3 – Dimension Jonit Domain Localized	三维局域联合
3DTBIA	3 Doppler Transform Between Iteration Airspace	三多普勒级联空域迭代自适应处理方法
A/D	Analog/Digital	模/数
CFAR	Constant False Alarm Rate	恒虚警
CNR	Clutter Noise Ratio	杂噪比
CPI	Coherent Pulse Interval	相参处理间隔
DBF	Digital Beam Form	数字波束形成
DFT	Discrete Fourier Transform	离散傅里叶变换
DOF	Degree of Freedom	自由度
DP	Dynamic Programming	动态规划
DTBIA	Doppler Transform Between Iteration Airspace	多普勒级联空域迭代自适应处理
EFA	Extenden Factored Approach	扩展因子算法
ESM	Electronic Support Measure	电子支援测量
FA	Factored Approach	因子算法
FFT	Fast Fourier Transform	快速傅里叶变换
IFFT	Inverse Fast Fourier Transmit	逆快速傅里叶变换
LFM	Linear Frequency Multiplexing	线性调频
MIMO	Multiple – Input Multiple – Output	多输入多输出
MTD	Moving Target Detection	动目标检测
MTI	Moving Target Indication	动目标指示
MV	Minimum Variance	最小方差
OFDM	Orthogonal Frequency Division Multi-plexing	正交频分复用

Opt	Optimal	最优算法
PF	Particle Filters	粒子滤波
RCS	Radar Cross Section	雷达散射截面积
R – DBF	Receive – Digital Beam Form	接收数字波束形成
SFDLFM	Step Frequency Division Linear Frequency Modulation	步进频线性调频
SIMO	Single – Input Multiple – Output	单输入多输出
SNR	Signal Noise Ratio	信噪比
TBD	Trace Before Detection	检测前跟踪
T – DBF	Transmit – Digital Beam Form	发射数字波束形成

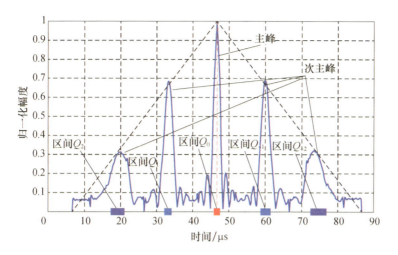

图 3.1　单个通道发射信号与接收信号的匹配输出

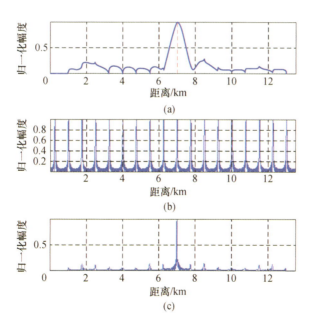

图 3.4　单个发射信号匹配输出、离散 sinc 函数、
最后综合信号之间的对比（$\Delta\varphi_t = 0$）

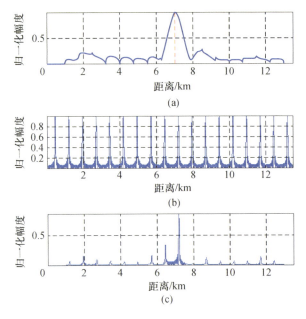

图 3.5　单个发射信号匹配输出、离散 sinc 函数、
最后综合信号之间的对比($\Delta\varphi_t = \pi/2$)

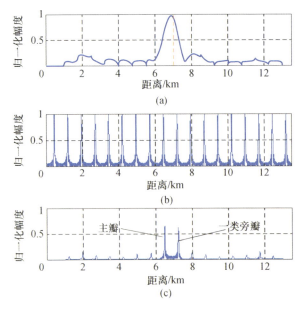

图 3.7　单个发射信号匹配输出、离散 sinc 函数、
最后综合信号之间的对比($\Delta\varphi_t = \pi/2$,$v = 500\text{m/s}$)

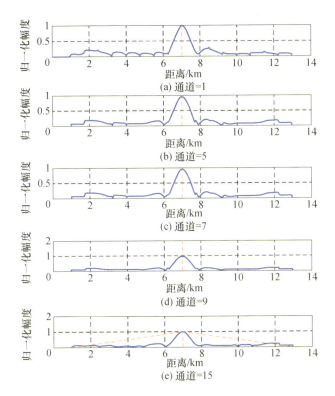

图 3.11　不同发射信号与接收信号匹配输出对比

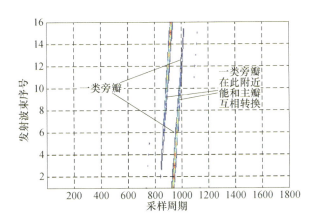

图 3.12　等效发射方向多波束合成后得到的二维信号的等高线

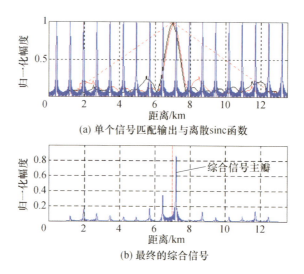

(a) 单个信号匹配输出与离散sinc函数

(b) 最终的综合信号

图 3.13　$\Delta\varphi_t = \pi/2$ 时单个发射信号匹配输出、离散 sinc 函数以及综合信号对比

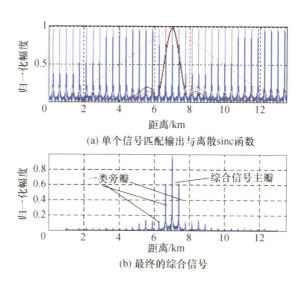

(a) 单个信号匹配输出与离散sinc函数

(b) 最终的综合信号

图 3.14　$\Delta\varphi_t = 0$ 时单个发射信号匹配输出、离散 sinc 函数以及综合信号对比

（通道间隔为 0.4MHz，子带宽度为 0.2MHz）

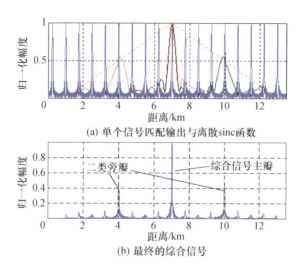

(a) 单个信号匹配输出与离散sinc函数

(b) 最终的综合信号

图 3.15　单个发射信号匹配输出、离散 sinc 函数以及综合信号对比(条件 4)

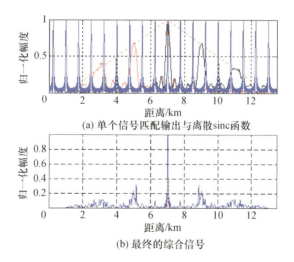

(a) 单个信号匹配输出与离散sinc函数

(b) 最终的综合信号

图 3.17　单个发射信号匹配输出、离散 sinc 函数以及综合信号对比(条件 5)

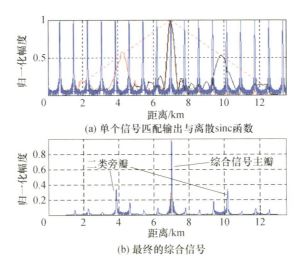

(a) 单个信号匹配输出与离散sinc函数

(b) 最终的综合信号

图 3.18　单个发射信号匹配输出、离散 sinc 函数以及综合信号对比(条件 6)

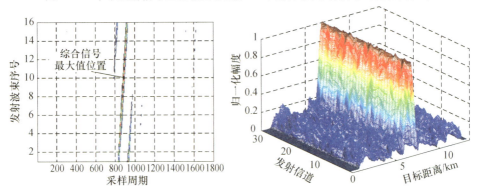

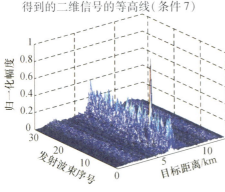

图 3.19　等效发射方向多波束合成后
得到的二维信号的等高线(条件 7)

图 3.20　各发射信号与接收信号匹配
得到的二维信号求模结果

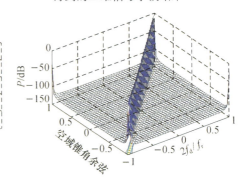

图 3.21　不同发射波束指向的
二维综合幅度信号

图 6.6　理想情况下的
MV 杂波谱

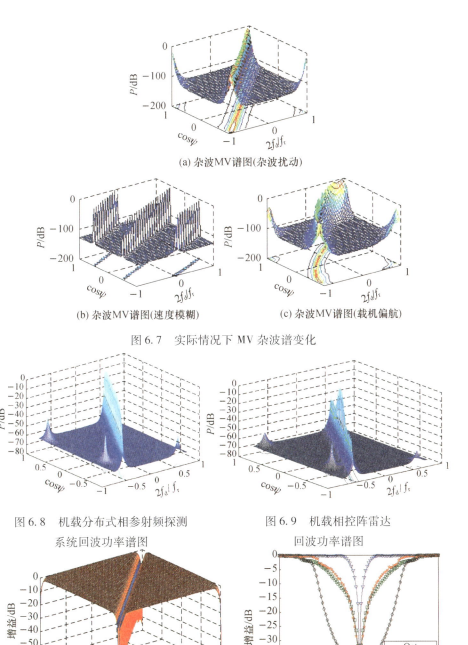

(a) 杂波MV谱图(杂波扰动)

(b) 杂波MV谱图(速度模糊)　　　(c) 杂波MV谱图(载机偏航)

图 6.7　实际情况下 MV 杂波谱变化

图 6.8　机载分布式相参射频探测　　　图 6.9　机载相控阵雷达
系统回波功率谱图　　　　　　　回波功率谱图

图 6.14　最优二维改善因子曲线　　　图 6.17　四种改善因子曲线比较

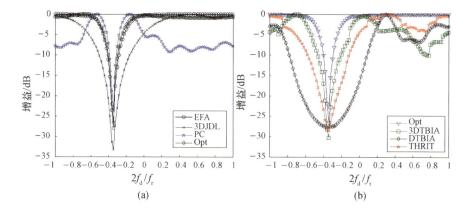

图 6.20　载机偏航（10°）时空 – 时自适应处理技术改善因子

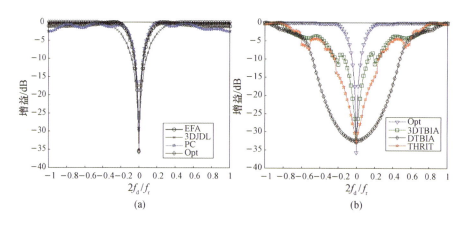

图 6.21　杂波扰动时空 – 时自适应处理技术改善因子

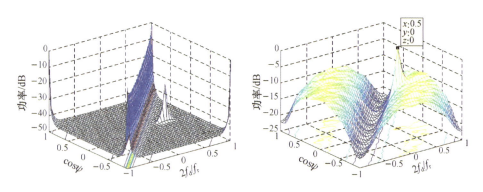

图 6.22　滤波前功率谱　　　　图 6.23　两脉冲二维杂波相消后功率谱